120 SISTEMI AL SuperEnalotto

90 Numeri in 15 Sestine!

Sistemi sempre validi.

FRANCESCO LA MARTINA

Anno del copyright: 2020

© 2020 Francesco La Martina. Tutti i diritti riservati.

ISBN-13: [979-8609442673]

@ Immagine di copertina: Francesco La Martina

Prima edizione [Febbraio 2020]

Dedico questo libro a mio fratello Roberto, scomparso prematuramente a 56 anni!

Profondo conoscitore della Numerologia ed esperto Radioestesista.

PREMESSA

I giochi d'azzardo, tutti in generale, sono studiati e preparati da professionisti del settore, testati e collaudati in modo da far vincere sempre il banco!

Noi, se non siamo giocatori professionisti, e per esserlo bisogna già essere milionari, possiamo solo affidarci alla fortuna cogliendo l'attimo.

Inutile sperperare patrimoni insistendo ossessionatamene nel gioco, la fortuna c'è per tutti, basta attendere il momento giusto.

Con questo libro avrete in mano uno strumento unico, sempre valido nel tempo.

I numeri non hanno memoria!

Questi 120 Sistemi, hanno già pagato parecchie centinaia di migliaia di euro. Moltissimi **5** al SuperEnalotto, tra cui uno da 45.000,00 euro. Sono generati da un <u>nuovo algoritmo</u> che mette in gioco tutti e **90 i numeri in 15 sestine**, senza ovviamente ripeterli. Ottimo da giocare per chi come me si affida alla sorte e non alla statistica.

Nei periodi di crisi, la continua ricerca di una soluzione al problema economico, spinge moltissime persone al gioco d'azzardo.

Ma non è così che si risolve il problema, più si gioca e più si rischia di finire nel vortice della Ludopatia. Le statistiche, aggiornate di anno in anno, dimostrano un aumento sostanziale della spesa nel gioco, ad ogni anno. Siamo intorno ai 100 miliardi/annui di euro che gli Italiani sperperano nel gioco d'azzardo. Bisogna ragionare, riflettere, giocarsi qualche euro ogni tanto può essere un divertimento e le vincite che ne derivano, possono aumentare l'autostima. Giocarsi migliaia di euro o indebitarsi per il gioco, porta solo all'auto-distruzione!

Francesco La Martina

SUPERENALOTTO

Il SuperEnalotto è a tutti gli effetti, un gioco d'azzardo legalizzato dallo Stato, gestito dalla Sisal.

Ha preso il posto del gioco "Enalotto" nel 1997 ed è oggi in Italia, il gioco con i più alti montepremi di vincita.

Se avete qualche dubbio sul SuperEnalotto, nelle pagine seguenti trovate le risposte alle domande più frequenti su questo gioco: come si gioca, dove e quando avviene l'estrazione, quanto si vince e molto altro.

Inoltre, in fondo al libro, prima dell'indice, trovate il regolamento ufficiale sul SuperEnalotto, attualmente in vigore e approvato dallo Stato.

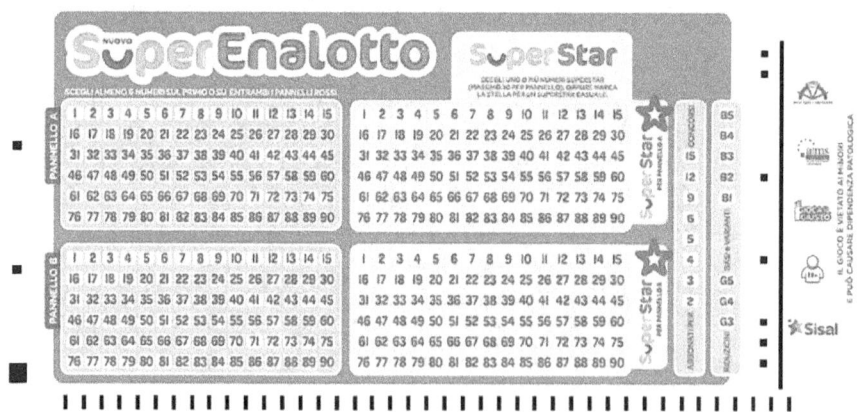

ALGORITMO

Un dato interessante è il tipo di Algoritmo adottato dalla Sisal, **MERSENNE TWISTER.**

Per chi vuole approfondire o studiare l'Algoritmo, ci sono molti siti internet che ne parlano, di seguito un estratto dal sito Wikipedia.

Mersenne Twister è un algoritmo per la generazione di numeri pseudocasuali sviluppato nel 1997 da Makoto Matsumoto e Takuji Nishimura, supplendo a varie mancanze presenti negli altri algoritmi per generare numeri pseudocasuali oggi diffusi e usati (come il generatore LCG presente nel nucleo di base del C, la funzione `rand()`).

Ci sono almeno due varianti conosciute di questo algoritmo, che differiscono solo nel valore del numero primo di Mersenne usato. Il più nuovo ed usato è il **Mersenne Twister MT 19937** che è usato per generare numeri casuali su Microsoft Excel.

Che cos'è?

Il gioco del SuperEnalotto è una lotteria italiana molto popolare in cui i giocatori devono scegliere sei numeri tra 1 e 90. I sei numeri vincenti vengono poi estratti a sorte ed i giocatori che indovinano almeno due numeri vincono dei premi. Il montepremi di ogni categoria di premio viene suddiviso in parti uguali, in base al numero di vincitori per categoria.

Estrazioni

Le estrazioni del SuperEnalotto avvengono a Roma tre volte alla settimana. Normalmente ciò accade di martedì, giovedì e sabato, alle 20.00 ora italiana, anche se a volte i sorteggi possono essere anticipati o posticipati in caso di sovrapposizione con un giorno festivo.

Costo

Una schedina standard del SuperEnalotto costa 1 €.

Numeri giocati su un pannello	Combinazioni	Costo giocata	Costo giocata con SuperStar
6	1	1 €	1,50 €
7	7	7 €	10,50 €
8	28	28 €	42 €
9	84	84 €	126 €
10	210	210 €	315 €
11	462	462 €	693 €
12	924	924 €	1.386 €
13	1.716	1.716 €	2.574 €
14	3.003	3.003 €	4.504 €
15	5.005	5.005 €	7.507 €
16	8.008	8.008 €	12.012 €
17	12.376	12.376 €	18.564 €
18	18.564	18.564 €	27.846 €
19	27.132	27.132 €	40.698 €

Dove si Gioca?

Le schedine del SuperEnalotto possono essere acquistate presso le ricevitorie autorizzate in Italia o online. La vendita delle schedine termina il giorno dell'estrazione alle ore 19.30, e ricomincia di nuovo per l'estrazione successiva alle ore 20.30 circa della stessa serata.

Età Minima

Devi avere almeno 18 anni di età per giocare al SuperEnalotto.

Come si vince?

Sei numeri principali tra 1 e 90 sono estratti in ogni concorso del SuperEnalotto, seguiti da un numero Jolly che viene sorteggiato fra le rimanenti 84 palline. Il gioco ha sei categorie di Premio:

La prima categoria comprende tutti i giocatori che hanno indovinato tutti i sei numeri principali.

La seconda categoria comprende tutti i giocatori che hanno indovinato cinque numeri dei principali e il numero Jolly.

La terza categoria comprende tutti i giocatori che hanno indovinato cinque dei numeri principali.

La quarta categoria comprende tutti i giocatori che hanno indovinato quattro dei numeri principali.

La quinta categoria comprende tutti i giocatori che hanno indovinato tre dei numeri principali.

La sesta categoria comprende tutti i giocatori che hanno indovinato due dei numeri principali.

Suddivisione dei Premi

I premi del SuperEnalotto sono distribuiti tra le sei categorie vincenti secondo quanto segue:

La prima categoria, nella quale si devono indovinare sei numeri, riceve il 17,4% del montepremi.

La seconda categoria, nella quale si devono indovinare cinque numeri + il numero Jolly, riceve il 13% del montepremi.

La terza categoria, nella quale si devono indovinare cinque numeri, riceve il 4,2% del montepremi.

La quarta categoria, nella quale si devono indovinare quattro numeri, riceve il 4,2% del montepremi.

La quinta categoria, nella quale si devono indovinare tre numeri, riceve il 12,8% del montepremi.

La sesta categoria, nella quale si devono indovinare due dei numeri principali, riceve il 40% del montepremi.

Il premio in denaro per la prima categoria va ad accumularsi su quello dell'estrazione successiva se non ci sono giocatori che indovinano tutti i sei numeri principali, consentendo al jackpot di aumentare sempre di più, finché qualcuno non riesce a vincerlo.

Premi Istantanei

Circa l'8,4% del montepremi del SuperEnalotto è riservato alle vincite immediate. Dopo aver acquistato una schedina, un premio da 25 € può essere vinto immediatamente se alcuni dei numeri scelti sulla schedina corrispondono a quelli stampati su un 'quadrato magico' presente sulla ricevuta di gioco. Questo permette ai giocatori di vincere all'istante dei premi in denaro, ancor prima che avvenga l'estrazione.

Probabilità

Complessivamente le probabilità di vincere un premio al SuperEnalotto sono 1 su 20. Le probabilità di vincere il jackpot sono 1 su 622.614.630.

Categorie	Probabilità di Vincita	Vincite
6 PIÙ RICCO	1 su 622.614.630	Jackpot milionario
5+1	1 su 103.769.105	311.000 €
5	1 su 1.250.230	32.000 €
4	1 su 11.907	300 €
3 PIÙ RICCO	1 su 327	25 €
2 NOVITÀ	1 su 22	5 €

Riscossione Vincite

I giocatori del SuperEnalotto hanno 90 giorni dalla data dell'estrazione per reclamare qualsiasi premio. I giocatori possono riscuotere premi fino a 520 € presso qualsiasi ricevitoria Sisal.

SuperStar

Il SuperStar è un gioco complementare al SuperEnalotto che può essere giocato esclusivamente insieme all'estrazione principale. Per giocare a SuperStar, i giocatori devono barrare l'apposita casella e selezionare un solo numero compreso tra 1 e 90. Un numero SuperStar viene estratto da una macchina separata dopo ogni estrazione principale del SuperEnalotto, ciò significa che il numero SuperStar può essere lo stesso di uno dei numeri del SuperEnalotto.

Costo SuperStar

Il SuperStar costa 0,50 € per giocata. Si tratta di un costo aggiuntivo alla schedina principale, dato che questo gioco non può essere effettuato separatamente dal SuperEnalotto, quindi il costo minimo per partecipare al SuperStar insieme al SuperEnalotto è di 1,50 €. I giocatori possono però decidere di aggiungere il numero SuperStar solo ad una delle combinazioni del SuperEnalotto che giocano, e non devono necessariamente selezionare questa opzione per ogni singola colonna che giocano.

I premi del SuperStar

I giocatori che indovinano il numero SuperStar vinceranno un premio in una delle otto categorie previste da questo gioco, a seconda di quanti numeri principali del SuperEnalotto hanno indovinato con esso.

Super Bonus

Se qualcuno indovina tutti i sei numeri principali del SuperEnalotto e il numero SuperStar, oltre al jackpot riceverà anche un bonus di 2 milioni di euro. Se più di un giocatore raggiunge questo risultato, il bonus sarà suddiviso tra i vincitori del jackpot del SuperEnalotto. Le stesse regole si applicano per i premi di seconda categoria, dove c'è un bonus di 1 milione di euro per tutti i giocatori che indovinano cinque numeri del SuperEnalotto, il numero Jolly e il numero SuperStar.

Come si svolge l'estrazione SuperEnalotto

Dove si svolgono le estrazioni del SuperEnalotto

Le estrazioni del SuperEnalotto si svolgono a Roma, presso la storica sede dei Monopoli di Stato in Piazza Mastai, con la supervisione di una Commissione Ministeriale così composta:

La Commissione Operazioni Estrazione dei Monopoli di Stato;

La Commissione di Estrazione Sisal;

Il Coordinatore Tecnico Sisal;

Un membro dell'Osservatorio Codacons;

Rappresentanti della Guardia di Finanza.

Le fasi dell'estrazione

La procedura di estrazione può essere riassunta in 7 fasi principali:

Controlli e test tecnici.

Alle **18:30** gli addetti tecnici alle macchine estrattrici controllano il corretto funzionamento dei macchinari destinati all'estrazione e comunicano l'esito della verifica alle commissioni vigilanti.

Apertura della cassaforte videosorvegliata.

All'interno della cassaforte sono contenute quattro valigette, ognuna contenente 90 sfere; una rimane in cassaforte, di riserva, e le altre tre sono sorteggiate per l'estrazione. La prima valigetta viene destinata all'estrazione della sestina vincente + il numero Jolly, mentre la seconda all'estrazione del numero SuperStar. La terza valigetta viene riposta in cassaforte come eventuale riserva.

Autorizzazione ad effettuare l'estrazione

Ore 19.30 - In una sede separata la Commissione Determinazione Giocate Vincenti masterizza le giocate su DVD e le custodisce in cassaforte. Terminata l'operazione viene data l'autorizzazione a procedere con l'estrazione.

Estrazione

Ore 20:00 - Si procede quindi all'estrazione che si svolge usando urne automatizzate e durante la quale vengono estratti in successione i numeri richiesti dal gioco, che vengono validati dalle commissioni presenti.

Comunicazione dei risultati dell'estrazione

Si procede alla comunicazione della combinazione vincente con il relativo valore del jackpot. Possiamo considerare terminata la parte riguardante la procedura di estrazione, ora si attende per la pubblicazione dei risultati.

Determinazione delle giocate vincenti

La Commissione Determinazione Giocate Vincenti e Controllo Gioco fa partire il software che confronta la combinazione estratta con tutte le combinazioni giocate; in questo modo si determinano il numero e le quote delle giocate vincenti.

Comunicazione delle quote e del numero dei vincitori

Vengono comunicate quote e vincitori, e le sfere utilizzate per l'estrazione vengono riposte nelle apposite valigette, le quali vengono a loro volta rimesse in cassaforte.

Come si gioca al SuperEnalotto e al SuperStar

Come giocare al SuperEnalotto

Giocare al SuperEnalotto è facile e divertente. I giocatori devono semplicemente scegliere sei numeri compresi tra 1 e 90, e si vincono vari premi a seconda di quanti numeri fra quelli estratti vengono indovinati. Le estrazioni del SuperEnalotto avvengono normalmente il martedì, il giovedì e il sabato sera, anche se a volte le estrazioni sono riprogrammate in caso di sovrapposizione con giorni festivi.

Si può giocare al SuperEnalotto con appena 1 € e ci sono premi anche per chi indovina soltanto due numeri principali. Ci sono premi di valore maggiore per i giocatori che indovinano più numeri, e chiunque indovini tutti i sei numeri principali estratti vincerà una quota del jackpot.

In caso di mancata vincita, il jackpot va in rollover e si accumula.

Non c'è limite a quanto può aumentare di valore, e in passato ciò ha permesso al gioco di mettere in palio premi dal valore incredibilmente alto. Il record del più ricco jackpot del SuperEnalotto mai vinto è detenuto dai 177,7 milioni di euro che sono stati vinti grazie ad un sistema da 70 quote nell'ottobre del 2010.

Durante ogni estrazione viene estratto anche un numero Jolly fra le restanti 84 sfere. Ciò fornisce ai giocatori che hanno indovinato cinque numeri principali la possibilità di aumentare la propria vincita se riescono ad indovinare anche il Jolly.

Come giocare il SuperStar

Il gioco SuperStar è stato introdotto con il concorso del 28 marzo 2006 per offrire ulteriori possibilità di vincere dei premi. Per partecipare i giocatori devono selezionare un numero compreso tra 1 e 90. Un numero SuperStar viene poi sorteggiato ad ogni estrazione del SuperEnalotto. Poiché questo numero viene estratto da un'urna diversa da quella della sestina del SuperEnalotto, è possibile che lo stesso numero venga estratto sia nell'estrazione principale che in quella del SuperStar.

Testo del capitolo. Testo del capitolo. Testo del capitolo.

Per giocare il numero Superstar il costo aggiuntivo è di soli 50 centesimi di euro. Si tratta di un gioco offerto esclusivamente assieme al SuperEnalotto e quindi non può essere giocato separatamente. I giocatori possono però scegliere a quante schedine del SuperEnalotto vogliono aggiungere l'opzione SuperStar - non deve necessariamente essere aggiunto a tutte o a nessuna.

I giocatori del SuperEnalotto possono anche vincere premi istantanei, senza nemmeno dover aspettare l'ora e il giorno dell'estrazione per cui hanno giocato. A seguito di alcune modifiche al gioco introdotte nei primi mesi del 2016, i partecipanti possono ora ottenere vincite immediate in denaro da 25 € semplicemente acquistando una schedina del SuperEnalotto e, una volta giocata, controllare se i numeri stampati nel **quadrato magico** della propria ricevuta corrispondono ad alcuni fra quelli giocati (esclusi i numeri SuperStar).

Abbonamenti

Il SuperEnalotto può essere giocato in anticipo tramite abbonamento, consentendo ai giocatori abituali di partecipare immediatamente a più estrazioni. I numeri selezionati dai partecipanti saranno memorizzati e rimarranno invariati, rendendo più facile e veloce partecipare a più estrazioni. La possibilità di giocare fino a 15 estrazioni in anticipo permette ai giocatori di evitare di perdere l'opportunità di vincere ricchi premi.

Sistemi

I giocatori del SuperEnalotto possono usare sistemi generati da un computer per aumentare le proprie possibilità di vincere un premio. Giocando diverse combinazioni di numeri, i partecipanti che ricorrono ai sistemi sanno che se i numeri vengono estratti all'interno di un certo intervallo ciò potrebbe offrire loro migliori possibilità di vincere qualche premio.

Schedine Super Jackpot

Da 12 giugno 2017 è disponibile in ricevitoria una nuova modalità di gioco chiamata **Super Jackpot**, che offre l'opportunità di partecipare al SuperEnalotto in modo facile e veloce aumentando le probabilità di vincita rispetto a una giocata singola. Sono disponibili due tipi di schedina: **Super Jackpot da 5 €**, con cinque combinazioni in gioco e **una probabilità su 5** di vincere un premio del SuperEnalotto;

Super Jackpot da 10 €, con dieci combinazioni in gioco e **una probabilità su 3** di vincere un premio del SuperEnalotto.

Per giocare basta recarsi in ricevitoria, scegliere quale delle due giocare, farsi convalidare la schedina e il gioco è fatto! Non dimenticare però di ritirare la tua ricevuta e di conservarla in un luogo sicuro.

Riscuotere una vincita

Hai vinto giocando al SuperEnalotto, al SuperStar o al SiVinceTutto? Complimenti! Per reclamare e incassare la tua vincita dovrai seguire procedure diverse a seconda della modalità con cui hai giocato e quanto hai vinto.

In questa pagina puoi scoprire come si riscuote se hai giocato in ricevitoria oppure online, i limiti temporali per la riscossione, quanto sono le commissioni d'incasso e cosa accade alle vincite non riscosse entro i termini stabiliti.

Riscossione dal Punto Vendita

La riscossione di una vincita effettuata giocando una schedina del **SuperEnalotto** in uno dei punti vendita fisici che si trovano in Italia avviene in seguito alla presentazione della ricevuta di gioco vincente che deve essere **originale e integra**.

Quest'ultima è infatti considerata l'unico titolo valido ai fini dell'assegnazione del premio vinto.

Il pagamento delle vincite

Il pagamento delle vincite è legato all'importo della vincita stessa e viene fatto in accordo alle seguenti modalità:

se l'importo del premio vinto è uguale o inferiore a **520,00 €** (cinquecentoventi/00 euro), il premio in denaro vinto può essere ritirato, in contanti o con assegno bancario non trasferibile, direttamente in una qualsiasi ricevitoria abilitata al gioco del SuperEnalotto;

se l'importo del premio vinto è uguale o inferiore a **5200,00 €** (cinquemiladuecento/00 euro), il premio in denaro vinto può essere ritirato, in contanti, a mezzo di bonifico bancario o con assegno bancario non trasferibile, nel punto vendita in cui è stata giocata la schedina vincente;

se l'importo del premio vinto è uguale o inferiore a **52.000,00 €** (cinquantaduemila/00 euro), il premio in denaro vinto può essere ritirato, solo con bonifico bancario e in seguito a prenotazione del pagamento, solo in uno degli specifici punti vendita che sono stati abilitati al pagamento di questi premi;

per vincite di **importo superiore a 52.000,00 €** il pagamento del premio può avvenire solo in seguito alla presentazione della ricevuta di gioco negli uffici premi Sisal, dal lunedì al venerdì dalle 9.00 alle 13.00, in una delle seguenti sedi:

Via A. di Tocqueville 13 - 20154 Milano

Viale Sacco e Vanzetti 89 - 00155 Roma

Norme legali relative al pagamento delle vincite

In accordo al Decreto Legislativo n. 231 del 21 novembre 2007, che definisce norme anti-riciclaggio e regola l'uso di assegni bancari, postali, circolari e i pagamenti in contanti, dal 30 Aprile 2008 le ricevitorie, le agenzie e i Punti Pagamento Premi non possono più:

pagare vincite in contanti con importo pari o superiore a 5.000,00 €

pagare vincite con assegni bancari o postali che abbiano un importo pari o superiore a 5.000,00 €, senza indicare il nome e la ragione sociale del beneficiario e con altro assegno che non sia "Non trasferibile".

Pagamento vincite giocando online

Per vincite fino a 5.200,00 €

Il premio in denaro viene accreditato sul conto di gioco.

Per vincite superiori a 5.200,00 €

Il pagamento del premio dovuto può avvenire solamente facendo richiesta di riscossione presso uno dei centri di pagamento Sisal. Per poter riscuotere la vincita bisogna presentarsi muniti dei seguenti documenti:

Il codice fiscale;

Un documento di identità valido;

La stampa dettagliata della giocata vincente effettuata e il codice di identificazione del proprio conto di gioco online.

Gli uffici provvederanno alla verifica della documentazione e in seguito verrà eseguito il pagamento della somma dovuta, naturalmente sempre garantendo l'anonimato.

Limiti temporali per la riscossione dei premi

Per vincite fino a 520,00 €

La ricevuta della giocata vincente può essere presentata presso un qualsiasi punto vendita fisico **entro 60 giorni** solari dal giorno successivo all'estrazione e alla pubblicazione del Bollettino Ufficiale Generale.

Oppure dopo il **60° giorno** solare, ma non oltre il **90° giorno solare** dal giorno successivo all'estrazione e alla pubblicazione del Bollettino Ufficiale Generale negli uffici premi del concessionario Sisal, dal lunedì al venerdì dalle 9.00 alle 13.00, in:

Via A. di Tocqueville 13 - 20154 Milano

Viale Sacco e Vanzetti 89 - 00155 Roma

Per vincite fino a 5.200,00 €

La ricevuta della giocata vincente può essere presentata presso la **specifica ricevitoria in cui è stata giocata** la schedina entro **60 giorni solari** dal giorno successivo all'estrazione e alla pubblicazione del Bollettino Ufficiale Generale.

Oppure dopo il **60° giorno** solare, ma non oltre il **90° giorno solare** dal giorno successivo all'estrazione e alla pubblicazione del Bollettino Ufficiale Generale negli uffici premi del concessionario Sisal, dal lunedì al venerdì dalle 9.00 alle 13.00, in:

Via A. di Tocqueville 13 - 20154 Milano

Viale Sacco e Vanzetti 89 - 00155 Roma

Vincite superiori a 5.200,00 € e fino a 52.000,00 €

La ricevuta della giocata vincente può essere presentata presso uno dei **Punti Pagamento Premi appositamente abilitati** al pagamento di questi importi entro **60 giorni solari** dal giorno successivo all'estrazione e alla pubblicazione del Bollettino Ufficiale Generale.

Oppure dopo il **60° giorno solare**, ma non oltre il **90° giorno solare** dal giorno successivo all'estrazione e alla pubblicazione del Bollettino Ufficiale Generale, negli uffici premi del concessionario Sisal, dal lunedì al venerdì dalle 9.00 alle 13.00, in:

Via A. di Tocqueville 13 - 20154 Milano

Viale Sacco e Vanzetti 89 - 00155 Roma

Il pagamento verrà effettuato entro **30 giorni solari** dalla data di consegna della ricevuta vincente di partecipazione al gioco.

Vincite superiori a 52.000,00 € e inferiore a 1.000.000,00 €

La ricevuta della giocata vincente può essere presentata entro e non oltre il **90° giorno solare** dal giorno successivo all'estrazione e alla pubblicazione del Bollettino Ufficiale Generale, esclusivamente presso gli uffici premi del concessionario Sisal, dal lunedì al venerdì dalle 9.00 alle 13.00, in:

Via A. di Tocqueville 13 - 20154 Milano

Viale Sacco e Vanzetti 89 - 00155 Roma

Il premio verrà pagato entro **30 giorni solari** dalla data in cui è stata consegnata la ricevuta vincente.

Vincite superiori a 1.000.000,00 €

La ricevuta della giocata vincente può essere presentata entro e non oltre il **90° giorno solare** dal giorno successivo all'estrazione e alla pubblicazione del Bollettino Ufficiale Generale, esclusivamente presso gli uffici premi del concessionario Sisal, dal lunedì al venerdì dalle 9.00 alle 13.00, in:

Via A. di Tocqueville 13 - 20154 Milano

Viale Sacco e Vanzetti 89 - 00155 Roma

Il premio verrà pagato, se non è stato presentato alcun reclamo, entro **31 giorni solari** dalla data in cui è stata consegnata la ricevuta vincente.

Commissioni d'incasso

Le commissioni di incasso sono a carico del vincitore e si applicano secondo la seguente tabella:

nessuna commissione per vincite di importo inferiore o uguale a 100,00 €

1,03 € per vincite di importo compreso tra 100,01 e 300,00 €

3,10 € per vincite di importo compreso tra 300,01 e 1.000,00 €

6,20 € per vincite di importo compreso tra 1.000,01 e 5.200,00 €

per vincite fino a 52.000,00 € si applica una commissione di 5,16 € per le prenotazioni del bonifico nei Punti Pagamento Premi.

Ritenuta del 12% sull'importo vinto eccedente il valore di 500 €

"Attuazione delle disposizioni contenute nell'articolo 6, comma 5, del decreto legge 24 aprile, n. 50, convertito nella legge 21 giugno 2017, n. 96, in materia di giochi pubblici": dal 1º ottobre 2017 alle vincite di importo superiore a 500 €, solo per la somma eccedente 500 €, sarà applicata una ritenuta del 12%. La vincita verrà pagata al netto della ritenuta applicata.

Vincite non riscosse

Nel caso in cui il possessore di un biglietto vincente non riesca a reclamare e incassare il premio entro i termini previsti dal regolamento, **l'intera somma vinta verrà versata all'erario**.

SISTEMI

La scelta dei numeri

Quando compiliamo una schedina del SuperEnalotto, il nostro cervello tende istintivamente a razionalizzare la scelta dei numeri basandosi sulla disposizione grafica dei numeri stessi sulla scheda. Così facendo evitiamo, ad esempio, di selezionare numeri vicini tra loro in verticale, orizzontale o obliquo, oppure, scartiamo a priori i numeri che terminano con lo "0" (10,20,30, ecc.). Cerchiamo insomma di "disordinare" i numeri, senza accorgerci che, mentre lo facciamo, agiamo comunque in base ad uno schema cerebrale logico e preciso e realizzando così delle giocate ben diverse dalle nostre intenzioni. Da qui l'esigenza di affidarsi ad un algoritmo che scelga i numeri senza condizionamenti "umani".

I sistemi sotto riportati, sono il risultato di uno studio approfondito sulle reali probabilità di sortita di una sestina. L'algoritmo, in pratica, elabora 15 sestine utilizzando tutti e 90 i numeri.

Inoltre, sono stati selezionati col metodo "**RADIONICO**" con l'ausilio della **RADIOESTESIA**.

FISICA QUANTISTICA

Uno dei principi quantici cardinali è la non connessione.

La natura dei procedimenti energetici in **Radionica** non è stata ancora pienamente capita, ma c'è ora ampia evidenza che siamo tutti connessi, in qualche modo, ad alti livelli e dimensioni dell'Universo.

Almeno dieci dimensioni sono state teorizzate, non solo da parte di Fisici come il Dott. William Tiller, il Dott. Ervin Laszlo, il Dott. Dean Radin, il Dott. Glen Rein, ma da antica saggezza, includendo la Kabbalah.

È appurato che alcuni di questi livelli sono impiegati durante ogni genere di pratica dell'Energia Sottile ed anche cucinando, mangiando, facendo sesso, danzando, cantando, salmodiando.

La cura **Radionica** non è così del tutto diretta alla realtà fisica del corpo, ma piuttosto alle matrici dell'Energia invisibile che si ritiene sia dietro ad essa.

Alcuni considerano che queste alte dimensioni siano le più vere realtà ed il Piano Fisico paragonabile ad ombre illusorie metaforiche.

La **Radionica** sembra agire al di fuori della normale matrice spazio-tempo, così come le interazioni non locali (esperimento Einstein- Podolski-Rosen).

Radiestesia

L'uomo, fin da tempi memorabili ha voluto "il potere".

La conoscenza che dà il potere è la più ricercata e temuta.

Tale conoscenza è speciale, non è nota a tutti, e dà il vantaggio sugli altri, il controllo sulla materia e altro ancora. È per lo stesso motivo che perfino faraoni ed imperatori hanno consultato veggenti e studiosi per mantenere la supremazia su terre e persone. Ed è per la stessa ragione che la **Radioestesia** era praticata fin dall'inizio della civiltà.

Per un approfondimento del sistema Radionico e Radiestesico, si consiglia di visitare gli innumerevoli siti Internet cercando su Google.

I sistemi pubblicati, sono anche stati associati a delle parole, sempre col sistema Radiestesico. Può essere utile nella ricerca del Sommario, oppure potete giocarvi il sistema che corrisponde ad un evento della vostra giornata.

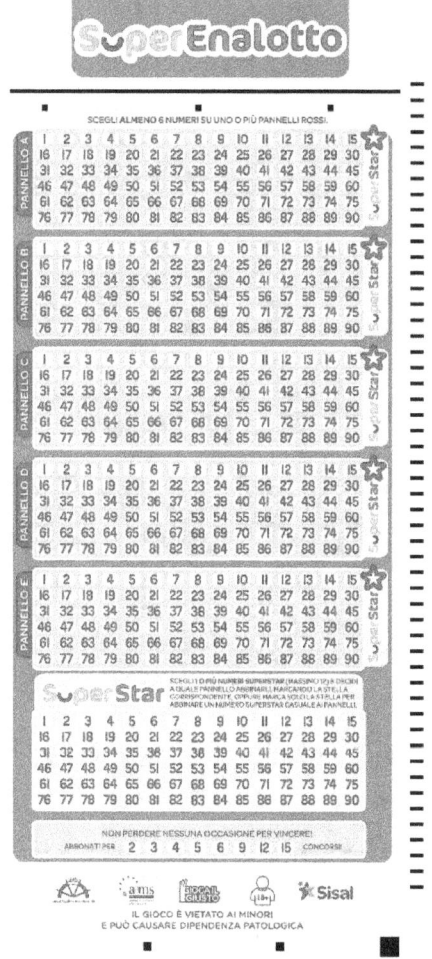

120 SISTEMI AL SUPERENALOTTO

 ## Il Sole

3	42	46	55	62	67
7	25	40	57	88	89
4	31	44	64	74	85
21	28	30	66	69	80
8	36	39	73	83	87
11	17	27	41	72	76
10	15	49	63	71	75
14	16	20	22	81	86
5	26	35	48	68	78
2	6	9	53	54	77
1	24	29	37	45	58
12	34	52	65	84	90
19	32	50	56	61	82
33	38	43	59	70	79
13	18	23	47	51	60

 ## La Luna

1	11	17	74	86	88
23	25	26	51	58	71
27	29	37	43	64	87
9	28	40	57	66	81
19	55	60	63	72	79
2	18	44	45	69	77
22	33	34	39	59	80
5	6	20	36	52	78
12	35	41	46	48	65
3	10	49	67	76	83
13	15	21	50	56	62
30	38	42	47	54	89
4	8	16	24	32	75
7	61	70	73	82	84
14	31	53	68	85	90

Montagne

4	5	19	31	44	77
10	41	45	46	78	81
7	22	50	59	60	88
3	23	76	80	83	85
6	26	36	38	67	74
1	32	35	39	55	65
11	33	58	62	75	86
2	16	37	43	54	63
17	18	34	53	57	73
8	30	64	82	87	90
25	40	56	66	69	72
13	29	49	70	71	84
12	20	21	27	42	61
9	15	24	28	48	68
14	47	51	52	79	89

 ## Strada

13	27	32	40	76	82
14	29	33	50	51	78
1	5	7	9	20	55
19	52	58	68	69	71
11	38	45	48	63	66
3	8	21	28	30	57
12	22	24	44	72	87
4	10	15	67	75	84
18	23	31	34	35	64
6	62	65	74	89	90
37	41	42	43	47	83
36	39	54	79	80	86
16	60	70	73	77	88
2	17	49	56	61	81
25	26	46	53	59	85

Lago

31	33	62	63	64	81
1	6	11	24	26	88
5	13	21	42	71	73
2	16	27	54	67	87
12	36	38	43	45	84
14	25	29	35	40	89
49	52	59	69	72	76
23	37	44	74	79	86
15	22	60	75	77	78
8	19	28	30	41	57
9	17	39	48	53	85
3	7	46	51	80	83
10	18	20	58	70	90
4	32	34	50	55	61
47	56	65	66	68	82

 ## Bosco

7	10	40	51	53	89
49	50	58	67	73	76
9	19	59	61	83	85
6	29	32	55	75	80
14	21	30	45	62	79
11	27	31	66	72	81
13	25	39	43	44	52
4	28	42	60	77	90
20	24	36	41	56	82
8	23	33	38	86	87
1	3	16	26	68	74
15	34	37	57	64	84
22	63	69	70	78	88
5	12	17	46	54	65
2	18	35	47	48	71

Olmo

6	12	19	35	84	85
4	10	21	51	72	80
3	5	29	37	39	53
7	23	40	55	83	87
38	41	48	57	69	76
8	32	52	54	66	86
9	27	34	44	70	73
2	20	59	77	82	90
16	26	47	61	78	81
30	65	67	79	88	89
22	28	46	49	60	71
36	45	62	63	64	74
1	15	17	50	68	75
11	13	25	31	33	42
14	18	24	43	56	58

 ## Stella

20	21	66	71	72	78
2	25	28	33	34	38
11	13	29	40	41	42
39	47	76	84	89	90
31	32	52	74	75	82
1	8	15	30	55	83
5	12	35	51	64	80
10	24	27	70	73	87
6	36	48	54	59	61
4	16	60	68	77	79
3	22	46	57	58	63
23	45	62	65	69	86
7	9	17	43	67	88
19	37	44	50	56	81
14	18	26	49	53	85

Diciassette

7	20	44	49	77	79
8	35	41	57	60	83
28	33	48	56	66	87
1	5	11	37	81	84
17	31	47	59	80	90
9	29	40	63	64	89
19	21	23	30	61	85
39	54	65	72	74	82
24	26	27	38	52	76
10	32	36	43	53	73
3	12	16	42	55	78
4	45	46	69	71	86
6	25	34	51	62	67
14	50	58	70	75	88
2	13	15	18	22	68

 ## Urano

7	21	50	56	73	75
8	39	44	72	82	87
18	41	47	49	58	67
22	27	52	71	77	80
3	5	14	19	38	48
4	34	55	68	79	84
10	33	40	59	81	88
1	6	16	37	51	57
17	32	46	62	78	90
20	25	28	29	31	43
9	11	53	76	83	89
13	24	61	63	69	85
26	35	42	54	65	70
2	12	15	45	60	64
23	30	36	66	74	86

Fico

1	11	42	58	62	67
6	17	24	34	63	75
18	37	39	54	65	86
14	19	29	32	44	79
12	20	28	36	48	76
5	7	72	77	89	90
2	4	35	38	53	73
9	31	33	43	47	66
3	22	61	81	84	87
13	27	51	52	68	71
15	23	26	41	46	88
45	49	60	69	78	85
8	10	25	40	64	70
16	50	55	56	74	82
21	30	57	59	80	83

12 Rosa

12	30	31	36	38	56
1	4	28	33	61	80
20	39	54	74	75	79
7	26	44	62	64	89
10	14	29	32	51	68
6	19	25	45	60	76
2	21	23	70	72	84
11	47	52	58	59	87
35	77	78	82	85	86
3	17	48	55	67	88
18	24	37	43	46	50
5	16	22	40	63	73
8	34	42	49	57	83
9	15	27	53	65	90
13	41	66	69	71	81

Inverno

9	18	40	44	60	88
36	54	61	63	69	89
1	20	28	38	48	65
10	14	30	31	77	84
17	24	33	42	76	85
2	19	59	62	66	87
7	45	46	49	70	75
16	23	32	39	41	55
5	13	27	34	52	72
4	15	21	29	71	81
26	37	53	57	64	73
12	47	67	68	78	83
11	50	56	80	86	90
43	51	58	74	79	82
3	6	8	22	25	35

 ## Bichini

5	6	8	44	71	74
1	10	36	39	55	57
21	26	30	33	68	81
9	34	48	73	79	83
12	16	17	32	53	60
11	49	51	70	87	90
3	28	38	46	52	78
2	18	42	54	75	86
23	50	59	65	66	85
19	45	62	67	69	72
27	41	43	47	63	64
22	29	31	40	61	84
7	25	56	58	76	77
4	13	20	24	37	82
14	15	35	80	88	89

Sogno

13	21	45	51	53	60
30	38	44	46	52	64
17	41	76	82	88	90
29	42	47	48	49	59
6	7	19	22	83	84
2	20	54	63	66	67
4	26	37	62	73	86
1	11	23	25	55	75
10	35	39	56	58	78
8	9	24	40	65	74
5	18	50	68	85	87
16	28	34	69	70	72
15	32	33	71	81	89
14	31	36	43	61	79
3	12	27	57	77	80

 ## Auto

20	26	34	65	77	89
1	4	37	38	53	63
10	27	41	81	82	85
3	22	23	24	28	32
6	13	43	52	64	72
2	11	12	66	87	88
50	67	68	71	73	78
7	15	31	49	57	90
17	18	19	35	46	48
29	30	33	36	44	58
9	16	42	51	75	84
25	40	59	61	74	76
21	55	60	69	70	80
5	8	39	45	54	86
14	47	56	62	79	83

Uomo

1	5	14	52	63	89
16	29	31	40	65	72
28	33	54	58	75	78
9	12	25	53	67	73
2	17	30	56	62	64
6	26	43	48	55	79
18	20	21	39	57	84
4	32	45	59	83	85
22	36	38	42	60	87
8	34	70	80	82	88
3	10	11	41	44	49
19	46	69	74	76	86
15	37	50	77	81	90
7	27	35	51	68	71
13	23	24	47	61	66

 Scuola

14	18	39	41	65	89
2	7	28	31	32	73
10	30	61	66	79	82
12	43	58	71	83	85
19	40	47	54	76	77
26	37	53	62	75	88
5	25	29	33	51	63
11	15	20	57	67	81
8	49	50	55	60	84
4	9	13	38	78	90
16	17	34	52	56	80
3	27	42	72	86	87
1	22	23	36	64	74
21	44	45	46	59	70
6	24	35	48	68	69

Musica

32	50	52	53	55	58
30	34	42	56	69	73
13	26	33	40	75	89
27	29	43	45	81	86
20	36	39	44	82	84
11	16	23	41	59	65
28	35	67	68	77	83
4	17	21	62	76	78
6	19	22	25	48	72
10	15	49	71	79	88
24	38	46	54	57	66
1	8	12	14	63	87
2	31	51	60	61	85
5	7	9	37	70	74
3	18	47	64	80	90

20 Scarpe

11	16	18	19	63	69
9	10	25	45	61	67
5	6	22	29	64	79
1	7	20	42	76	81
2	15	39	43	51	62
4	35	68	74	83	90
59	65	72	73	80	88
12	33	38	40	60	85
3	26	32	49	77	82
27	36	44	52	58	86
8	23	53	71	87	89
24	28	30	31	57	84
14	21	34	41	47	54
13	17	46	55	70	78
37	48	50	56	66	75

Strega

1	9	14	21	63	84
17	32	47	49	75	76
38	39	45	68	77	86
2	4	52	54	64	79
18	37	43	55	66	85
7	26	42	71	74	78
16	22	24	31	50	73
5	6	12	40	82	89
13	23	28	59	62	72
19	29	34	69	70	80
10	20	44	46	53	58
15	33	56	61	81	83
8	11	25	48	67	90
3	35	41	51	65	87
27	30	36	57	60	88

 ## Ricordo

40	42	57	84	86	87
5	7	56	62	83	88
15	17	30	75	79	81
10	27	28	29	39	90
43	44	53	61	78	82
3	8	16	32	36	49
22	25	38	41	46	89
12	19	48	59	72	77
4	23	24	55	58	65
6	18	20	21	37	85
45	51	60	64	71	76
31	34	35	47	54	74
2	9	13	33	66	67
11	52	63	70	73	80
1	14	26	50	68	69

Batteria

7	11	32	49	56	81
6	31	50	52	58	73
1	19	20	24	43	89
4	28	29	42	53	68
3	9	23	33	35	72
14	51	76	83	84	86
2	10	34	37	54	88
39	61	64	67	77	78
5	12	60	63	74	85
21	26	30	36	55	70
40	44	45	46	82	90
8	13	25	38	41	62
15	16	27	65	75	87
18	47	48	57	59	79
17	22	66	69	71	80

 ## Freddo

10	53	54	61	84	85
28	29	33	71	77	89
8	16	17	24	37	82
15	18	36	48	65	86
6	46	49	52	58	90
42	44	47	75	79	83
4	9	14	19	59	78
26	57	60	63	73	88
2	5	34	41	56	87
7	22	39	64	68	81
13	23	31	32	45	72
1	12	30	55	66	69
11	25	27	35	38	40
20	50	62	74	76	80
3	21	43	51	67	70

25 Gisella

17	32	37	41	43	83
3	31	48	72	77	80
14	19	30	35	44	78
1	2	4	15	47	56
5	50	52	55	73	86
28	33	45	62	68	87
8	9	21	38	64	70
39	54	57	63	76	84
11	23	27	59	65	88
20	25	40	61	71	82
6	12	18	36	67	74
13	46	53	60	66	90
10	16	26	29	51	79
7	24	49	69	85	89
22	34	42	58	75	81

26 Milionario

15	26	40	53	54	88
13	49	55	73	81	86
5	6	7	21	89	90
20	31	36	44	62	84
9	11	35	41	74	78
27	29	32	43	52	79
1	17	34	42	60	76
19	58	66	68	83	85
16	24	47	61	71	87
4	28	37	39	70	82
12	22	25	45	51	57
8	30	38	63	69	75
23	48	50	59	64	65
2	14	33	46	56	77
3	10	18	67	72	80

27 Organo

5	6	18	33	69	77
11	17	37	75	79	90
9	35	62	68	73	74
22	28	42	85	87	88
2	10	20	30	44	71
7	21	23	32	36	84
16	31	39	55	80	82
8	52	56	57	64	72
12	19	40	48	49	54
15	41	60	61	65	66
4	13	26	50	51	70
1	3	24	25	45	89
14	27	47	53	67	78
29	38	46	59	76	83
34	43	58	63	81	86

28 Vasco

6	14	19	76	79	86
12	16	43	49	60	63
45	50	53	59	73	74
9	21	24	55	71	83
28	30	42	72	87	90
27	29	44	48	64	67
3	4	38	39	47	77
1	15	25	41	46	54
18	22	31	36	51	68
8	23	32	40	65	89
7	66	81	82	84	85
2	10	20	56	62	80
11	26	37	70	75	78
5	13	17	33	57	58
34	35	52	61	69	88

Mandolino

18	61	70	74	86	88
28	30	32	42	80	81
21	36	38	40	48	79
12	41	45	68	73	83
6	9	15	19	24	55
2	3	22	23	29	39
5	10	14	25	53	71
7	11	20	50	59	85
1	4	34	60	64	77
16	51	62	65	78	89
17	27	66	75	76	84
13	31	49	58	63	90
8	26	37	43	57	87
33	44	46	54	56	72
35	47	52	67	69	82

 ## Boxe

20	30	43	44	48	72
15	63	68	70	75	90
16	24	26	62	77	88
3	10	12	35	45	73
6	9	19	57	59	60
51	52	56	58	83	86
2	21	29	46	76	78
33	54	69	79	80	87
1	36	40	42	61	65
8	13	31	39	49	81
17	28	32	37	66	85
5	50	67	71	74	89
7	18	23	38	47	55
14	25	27	34	64	82
4	11	22	41	53	84

Euro

31	40	45	47	86	90
8	10	18	38	56	57
9	24	34	53	66	85
20	35	46	51	62	82
17	27	29	39	42	63
5	25	48	61	74	79
22	54	64	67	76	81
11	16	52	58	60	71
1	30	32	36	72	73
33	41	44	50	88	89
2	28	37	70	77	87
13	49	59	65	78	80
4	7	23	26	68	84
6	12	19	69	75	83
3	14	15	21	43	55

 Bussola

1	21	32	63	72	85
6	17	42	60	70	75
18	38	43	71	77	90
25	30	39	57	61	82
3	10	13	31	64	88
2	12	22	52	55	74
27	50	53	65	78	81
4	14	16	26	29	67
7	11	56	58	62	79
40	45	54	59	66	83
19	24	28	33	34	73
9	15	36	51	80	87
5	20	44	49	68	76
8	37	41	47	48	89
23	35	46	69	84	86

Energia

2	6	12	59	63	76
5	20	43	46	52	79
42	48	62	65	74	78
25	41	45	53	54	87
4	28	31	35	61	85
1	17	24	27	33	71
8	14	15	19	21	77
13	18	32	38	39	86
11	29	34	36	51	60
44	50	56	72	82	88
22	30	58	64	80	81
7	16	40	47	66	90
10	49	67	75	83	84
9	23	37	69	73	89
3	26	55	57	68	70

 Fischio

3	31	32	39	49	57
7	11	20	22	56	90
4	8	34	40	86	88
14	33	46	58	79	85
19	25	38	41	45	89
1	50	55	62	67	70
6	9	60	63	73	83
16	42	44	48	68	87
5	13	18	21	35	47
12	23	26	27	61	82
24	30	51	52	77	81
17	29	54	72	75	84
2	10	28	36	69	78
15	64	65	66	74	80
37	43	53	59	71	76

Mago

4	31	39	43	49	57
9	28	41	68	78	83
17	20	25	38	45	82
7	34	56	73	88	90
15	23	24	74	76	77
14	52	58	79	80	85
1	21	26	32	59	69
6	10	11	13	67	75
18	27	35	47	62	70
3	5	8	42	51	86
29	37	54	55	60	66
12	19	53	65	84	89
36	40	48	63	81	87
22	30	44	61	64	71
2	16	33	46	50	72

 Zombie

5	33	52	55	69	73
10	12	24	49	72	74
19	22	39	42	46	58
16	21	23	60	79	90
3	50	61	75	82	87
6	11	30	38	48	51
13	18	43	45	64	88
1	2	9	14	20	41
17	44	54	70	81	84
7	8	15	27	76	86
25	57	59	62	67	85
26	31	35	37	66	68
29	47	56	71	77	89
34	53	63	65	78	80
4	28	32	36	40	83

Pensione

6	18	42	46	55	56
13	21	40	78	85	86
28	31	38	64	73	76
10	43	45	50	70	79
8	30	35	39	54	81
24	52	62	67	72	88
3	12	26	51	53	83
11	34	71	74	75	84
15	33	47	60	61	90
5	16	20	36	41	66
17	22	48	49	87	89
4	9	19	29	57	68
1	2	58	77	80	82
14	7	25	37	44	59
23	27	32	63	65	69

 Gatto

7	21	35	61	66	67
18	26	40	49	65	82
13	56	72	75	77	79
14	16	22	54	64	83
1	2	5	46	48	51
6	9	17	59	84	85
10	20	42	57	78	89
11	24	30	52	63	74
4	23	31	32	55	62
15	29	44	60	71	80
25	34	36	53	87	90
28	33	38	41	58	76
3	19	39	45	47	86
8	50	68	73	81	88
12	27	37	43	69	70

Valium

8	16	42	64	78	89
43	61	66	68	73	84
21	24	52	54	77	85
2	27	38	39	44	53
1	18	28	29	67	90
30	48	60	65	75	80
33	34	37	55	74	87
19	26	41	50	69	81
4	14	15	35	71	88
11	17	47	62	70	83
5	25	45	46	72	76
20	40	51	56	79	86
9	13	23	49	58	63
3	6	7	12	31	82
10	22	32	36	57	59

 ## Pecora

9	12	17	41	45	83
1	3	8	21	32	86
20	25	29	50	54	84
6	7	11	56	61	90
26	44	46	48	55	87
30	34	47	66	82	88
2	19	23	24	38	77
27	31	33	39	52	85
4	15	35	74	76	89
14	22	58	59	70	79
10	28	36	49	51	81
16	42	57	67	69	75
5	43	60	63	71	73
13	18	37	62	72	78
40	53	64	65	68	80

Zorro

10	11	56	57	85	90
31	33	39	43	49	60
12	19	22	27	74	89
9	16	67	71	77	83
17	20	25	41	45	81
8	34	35	42	86	88
14	28	44	48	68	87
1	21	46	59	65	69
6	26	55	75	79	80
29	52	54	58	72	84
13	18	24	51	63	78
2	3	5	7	38	66
4	23	30	47	61	62
15	40	53	70	76	82
32	36	37	50	64	73

Violino

11	8	17	21	32	35
13	18	24	25	64	77
16	28	31	44	57	68
9	12	27	40	59	83
26	41	45	55	61	79
7	10	1	56	70	90
15	22	38	39	49	74
29	37	43	54	67	84
2	30	34	47	66	88
19	46	52	65	73	89
3	20	33	42	85	86
6	36	53	63	80	81
14	48	51	58	60	75
4	5	23	50	71	76
62	69	72	78	82	87

Nave

12	34	40	56	83	85
4	10	15	24	30	51
7	9	42	63	73	78
20	22	32	49	61	69
25	31	37	58	62	75
5	27	45	70	76	84
17	33	48	66	71	79
11	26	39	43	60	89
2	18	21	44	53	57
28	46	55	64	82	88
6	36	50	72	74	80
3	8	23	52	54	87
1	14	65	77	81	86
16	29	41	47	67	68
13	19	35	38	59	90

 Cinese

12	13	27	57	73	83
1	4	8	34	86	88
3	21	25	42	48	87
15	31	33	39	41	76
19	32	52	61	82	89
30	46	56	65	67	90
6	10	11	49	53	81
16	20	38	45	51	74
29	43	54	55	60	84
9	18	24	35	47	62
17	22	40	44	66	70
5	14	58	77	79	85
2	26	28	59	68	78
7	36	63	64	69	75
23	37	50	71	72	80

Chiesa

14	16	27	31	55	86
13	41	45	56	65	71
17	20	28	37	57	66
4	11	15	22	29	69
1	3	5	38	76	89
26	35	42	46	58	62
2	6	7	40	48	78
12	18	39	44	52	54
21	63	68	84	85	88
23	36	53	59	83	87
19	34	43	49	60	74
25	33	51	70	72	75
8	24	61	67	77	81
10	32	47	79	82	90
9	30	50	64	73	80

 ## Sigaro

15	19	38	65	74	89
1	21	32	52	69	83
7	11	41	56	57	90
8	12	31	33	39	86
10	16	23	24	49	77
20	25	29	44	48	87
2	9	14	58	79	85
3	27	34	54	84	88
6	17	45	53	60	66
13	18	26	51	55	81
42	50	62	64	67	70
4	61	72	75	76	82
35	36	46	47	63	80
5	22	28	43	68	71
30	37	40	59	73	78

Moglie

16	28	39	49	55	57
19	38	42	66	74	89
9	12	27	40	69	83
8	32	34	73	86	88
21	22	58	71	76	85
11	41	44	45	48	87
1	6	63	64	67	90
5	13	18	20	25	51
4	24	61	77	79	81
30	35	43	47	62	70
15	17	26	54	78	84
7	52	56	65	68	72
2	14	29	37	75	80
3	31	33	46	53	82
10	23	36	50	59	60

 Nada

17	20	25	41	44	45
1	21	29	54	65	84
13	18	24	27	35	47
11	48	56	62	70	90
8	32	33	43	52	86
4	7	19	34	57	88
28	31	39	49	59	78
15	38	58	74	76	77
6	9	53	64	66	83
3	5	42	67	75	81
10	26	37	50	55	85
16	30	61	71	82	87
12	23	46	51	60	89
2	14	22	69	79	80
36	40	63	68	72	73

Neonato

18	19	46	65	74	89
14	41	45	79	80	88
4	22	29	34	58	85
26	55	60	61	73	82
1	21	32	35	69	75
7	53	56	57	72	90
8	24	42	48	77	86
9	17	33	43	67	83
20	25	37	51	52	71
31	38	39	49	66	81
13	16	6	30	47	62
10	11	28	40	68	78
12	44	54	64	84	87
2	3	5	15	23	59
27	36	50	63	70	76

 Kawasaki

19	13	32	51	58	78
4	27	60	61	85	88
15	39	42	50	65	77
1	12	43	46	59	84
5	17	22	54	72	79
9	25	30	33	53	57
24	41	52	63	76	89
21	23	45	70	75	80
6	10	16	29	34	71
2	18	31	68	74	83
3	7	26	28	64	73
11	20	55	66	82	87
8	35	40	56	62	81
14	38	47	48	49	90
36	37	44	67	69	86

Mare

20	25	36	51	69	81
10	19	38	74	77	89
1	8	29	32	33	86
7	16	56	57	72	90
13	18	24	63	71	85
6	9	11	67	78	83
4	26	50	55	61	64
31	39	45	49	66	82
44	48	52	65	87	88
12	14	27	59	75	79
15	17	34	41	54	58
21	22	35	47	73	84
2	3	5	42	43	60
28	37	53	62	68	76
23	30	40	46	70	80

 ## Dentista

21	38	41	65	74	89
14	58	67	75	79	85
8	31	33	39	77	86
1	19	32	37	52	72
6	9	11	45	69	83
25	26	50	55	61	62
34	54	59	71	84	88
20	35	51	56	81	90
5	7	28	44	57	68
13	15	16	24	49	66
3	4	10	12	27	40
18	22	23	30	46	47
2	42	48	64	80	87
17	36	53	63	70	78
29	43	60	73	76	82

Seno

22	40	43	48	63	90
14	15	49	56	65	75
29	35	37	51	52	59
23	25	27	72	87	89
39	46	53	62	64	82
13	44	45	67	70	86
12	21	31	50	71	74
6	17	42	66	79	88
8	10	20	34	54	84
9	28	30	41	81	83
1	3	58	60	78	85
2	5	19	26	33	77
36	38	47	55	76	80
7	16	18	32	57	73
4	11	24	61	68	69

 ## Scala

23	1	38	39	75	89
18	32	35	50	51	64
3	10	12	41	52	56
4	33	34	42	54	59
7	22	27	28	76	81
19	29	44	49	79	82
11	53	61	73	74	90
21	47	48	66	80	88
58	62	67	68	72	84
30	57	70	71	85	86
9	36	40	65	77	83
8	20	25	45	69	87
16	17	31	37	55	63
13	14	24	46	60	78
2	5	6	15	26	43

Super

24	33	35	43	44	47
4	12	13	28	60	73
20	22	49	63	70	72
39	42	46	56	69	77
19	21	41	51	68	90
7	8	11	29	30	65
16	36	62	74	80	87
5	10	23	27	40	78
17	52	66	75	76	89
53	55	71	82	83	85
1	15	25	48	50	88
31	37	38	45	54	57
9	26	32	61	64	86
6	34	59	79	81	84
2	3	14	18	58	67

 Diabolik

25	2	36	44	48	62
4	14	43	49	72	74
17	37	64	77	78	87
1	10	30	75	80	82
33	34	35	38	40	76
18	39	59	84	85	89
8	24	63	67	86	90
7	9	16	20	27	29
19	23	28	46	56	61
3	5	47	50	65	83
26	41	51	55	57	60
11	21	31	42	45	81
6	12	13	52	66	73
15	32	53	68	71	88
22	54	58	69	70	79

 Lucky

26	24	30	32	39	53
6	20	46	60	64	66
3	10	22	41	74	77
17	28	36	47	50	87
33	34	45	62	82	85
7	13	31	43	58	68
2	11	15	38	48	72
4	12	42	63	67	73
5	19	37	55	59	86
8	23	54	56	78	81
27	49	57	69	79	84
14	18	35	40	75	88
1	9	51	52	83	90
16	25	44	70	71	80
21	29	61	65	76	89

 Lotto

27	23	59	70	72	77
6	12	15	37	42	53
1	9	24	26	52	90
11	13	28	60	73	75
36	41	45	49	87	88
16	21	31	34	55	71
29	30	33	63	74	83
8	25	57	61	65	76
18	22	20	32	51	84
2	3	17	67	69	89
14	44	50	56	68	85
7	35	38	47	48	79
5	39	46	66	80	82
19	40	43	58	62	86
4	10	54	64	78	81

Banca

28	22	50	63	65	81
12	19	38	40	56	68
3	5	27	52	61	88
6	31	66	72	75	89
21	29	45	59	71	79
9	11	18	26	77	83
8	4	47	69	76	85
32	39	41	43	44	86
14	42	55	62	73	84
13	15	23	46	58	87
2	20	53	54	60	74
17	34	35	64	70	90
7	30	48	49	67	82
1	16	25	36	51	78
10	24	33	37	57	80

 Posta

29	34	47	72	81	87
22	37	39	60	63	85
10	24	33	68	73	90
27	40	50	52	59	82
1	12	51	71	75	77
5	19	30	54	70	78
7	16	44	57	65	80
23	17	31	41	56	66
8	14	53	62	64	76
20	25	45	49	83	84
3	18	21	28	36	86
11	38	48	55	69	89
13	15	26	32	43	46
2	35	42	58	61	74
4	6	9	67	79	88

120 SISTEMI AL SUPERENALOTTO

60 Tredici

30	9	14	48	63	84
12	41	47	53	56	76
6	10	24	42	74	89
2	3	34	39	50	54
15	18	49	64	65	85
13	31	36	38	51	72
21	37	40	68	71	87
1	29	32	66	77	86
4	27	46	55	60	90
7	23	26	43	52	75
16	5	33	59	70	82
11	17	44	57	58	78
19	45	73	80	83	88
25	28	62	67	69	79
8	20	22	35	61	81

61 Cinema

31	40	45	47	86	90
8	10	18	38	56	57
9	24	34	53	66	85
20	35	46	51	62	82
17	27	29	39	42	63
5	25	48	61	74	79
22	54	64	67	76	81
11	16	52	58	60	71
1	30	32	36	72	73
33	41	44	50	88	89
2	28	37	70	77	87
13	49	59	65	78	80
4	7	23	26	68	84
6	12	19	69	75	83
3	14	15	21	43	55

Fumetto

32	50	74	75	87	88
5	18	24	28	55	71
21	41	44	54	59	85
10	25	38	56	64	70
26	27	33	48	73	80
4	3	37	67	68	84
19	45	47	57	60	77
7	16	34	76	83	90
1	13	22	30	72	82
11	29	31	53	58	62
8	15	23	40	78	81
9	20	39	43	49	89
6	17	42	61	65	66
14	36	46	51	63	86
2	12	35	52	69	79

 Nonna

33	24	28	42	66	85
25	30	34	64	73	88
4	8	19	63	74	80
20	21	22	61	62	77
1	14	43	45	71	72
10	16	31	36	37	90
12	29	39	54	59	75
6	11	51	65	78	86
13	26	35	47	49	70
7	52	56	67	69	87
3	23	27	40	44	68
5	41	50	53	57	60
2	9	17	38	76	79
15	32	55	82	83	89
18	46	48	58	81	84

Roberto

34	43	52	73	74	78
22	28	48	75	86	88
6	7	25	32	53	65
8	10	37	40	58	62
4	17	54	61	67	80
51	59	63	79	81	87
15	49	55	68	76	85
9	27	29	47	56	69
3	11	12	20	38	64
5	24	41	42	45	89
2	13	31	1	36	39
14	30	44	57	72	83
16	21	26	46	70	90
18	33	35	66	77	84
19	23	50	60	71	82

 Tablet

35	34	44	75	79	84
2	22	41	62	76	90
15	19	29	74	77	86
5	7	11	23	66	80
6	16	20	30	38	69
4	18	45	51	53	70
40	54	59	65	78	87
3	8	43	48	64	72
13	28	32	58	71	89
21	31	17	37	83	88
12	25	39	52	55	56
10	24	36	49	60	67
9	26	27	50	61	73
1	33	57	68	82	85
14	42	46	47	63	81

Cambiale

36	30	40	80	82	88
21	38	41	44	70	90
18	27	31	34	45	57
8	12	20	42	62	84
32	49	63	64	66	85
3	6	19	68	76	81
16	17	24	50	67	72
9	15	37	54	56	77
29	33	43	47	53	58
4	46	48	73	83	86
1	11	39	55	60	79
2	10	14	28	65	69
5	23	26	51	75	87
7	25	35	52	61	78
13	22	59	71	74	89

Bancomat

37	44	49	57	65	86
39	54	56	78	82	85
32	52	71	72	74	77
21	36	42	61	66	70
1	6	12	48	59	84
3	11	16	19	26	76
4	15	27	35	40	67
5	23	25	41	53	81
2	9	20	18	43	73
8	30	60	62	69	90
7	17	24	50	64	87
22	31	33	34	51	80
38	55	63	68	83	88
28	45	46	58	79	89
10	13	14	29	47	75

120 SISTEMI AL SUPERENALOTTO

 **Rosso**

38	20	22	24	29	53
23	40	46	54	56	64
37	39	42	57	62	63
8	30	33	70	82	87
16	44	59	79	84	89
9	48	52	73	74	83
15	28	32	61	65	81
1	14	26	71	80	85
5	18	25	60	66	90
13	19	36	51	72	77
10	27	34	68	86	88
11	12	21	31	43	49
4	6	41	45	50	78
2	3	7	17	47	58
35	55	67	69	75	76

 Bara

39	22	34	38	74	89
5	20	25	36	41	45
15	31	33	19	63	76
16	28	57	61	68	71
3	8	42	44	48	86
1	21	32	52	66	69
13	18	24	30	40	47
9	14	58	79	80	85
11	23	56	62	70	90
2	43	49	51	65	81
7	29	54	75	84	88
6	46	67	73	78	83
12	17	26	27	37	55
4	35	60	64	82	87
10	50	53	59	72	77

Gallina

40	4	26	1	49	71
14	18	39	53	77	87
33	38	41	42	46	90
6	19	36	51	68	88
22	23	37	64	73	79
54	61	65	75	81	82
17	27	30	69	70	76
9	24	25	28	29	56
20	52	55	67	74	80
7	12	15	48	62	66
43	45	50	58	83	85
2	3	8	31	44	57
16	35	59	78	86	89
5	10	11	13	34	63
21	32	47	60	72	84

 ## Motoscafo

41	20	22	49	64	89
34	37	40	46	56	58
9	15	19	21	35	77
5	10	12	18	61	62
43	55	63	70	73	84
39	50	57	65	75	79
42	53	54	76	82	85
27	30	6	45	78	81
7	11	13	33	52	72
4	31	60	66	69	86
23	26	51	59	68	71
17	29	36	74	88	90
2	8	24	28	44	83
16	25	38	47	67	80
1	3	14	32	48	87

Elefante

42	54	57	66	72	74
2	12	22	30	48	53
10	34	47	51	67	84
31	32	27	63	64	85
3	7	19	21	36	83
14	16	43	50	55	61
17	23	29	45	46	89
20	28	35	71	80	88
1	15	26	52	76	77
4	11	24	58	78	82
5	39	56	59	60	65
6	37	40	75	79	90
8	13	25	41	44	49
9	33	62	68	69	73
18	38	70	81	86	87

 Incidente

43	45	48	52	57	76
5	32	33	53	56	70
3	7	14	34	79	84
15	35	65	73	86	88
1	11	17	24	54	74
6	20	30	61	75	77
2	10	19	39	63	90
8	21	51	59	80	81
4	23	26	29	31	38
18	44	49	69	72	89
40	47	62	64	71	82
12	46	58	60	83	85
9	13	28	36	41	55
25	37	42	66	67	87
16	22	27	50	68	78

Bigliardo

44	41	43	60	72	80
15	28	30	31	59	65
2	27	36	52	56	73
5	6	19	68	71	88
7	13	26	69	77	86
33	39	61	81	82	87
8	12	18	32	3	57
4	25	55	67	74	83
29	42	48	49	75	90
1	16	17	20	62	79
10	21	35	38	40	89
11	37	50	63	66	84
23	24	34	53	58	78
9	45	46	51	54	85
14	22	47	64	70	76

 ## Compito

45	6	26	27	56	64
11	41	47	58	73	87
1	10	12	16	25	68
37	38	43	52	61	82
4	8	33	57	66	72
13	18	22	70	84	90
7	35	40	78	88	89
17	34	55	62	75	81
39	42	44	65	76	85
30	51	54	63	69	74
21	24	28	5	60	86
3	9	14	50	71	83
15	20	46	53	59	67
2	31	32	48	79	80
19	23	29	36	49	77

Notte

46	28	51	63	76	85
14	18	40	55	78	89
20	23	26	36	72	73
21	27	41	42	60	74
1	8	9	68	81	83
2	5	6	12	53	88
3	32	33	38	48	77
24	43	57	58	59	84
13	22	34	56	64	66
29	31	39	52	54	75
35	45	49	82	86	87
16	44	47	61	69	71
7	25	30	50	62	67
17	19	37	65	80	90
4	10	15	11	70	79

 ## Cartella

47	33	38	49	51	84
24	28	41	44	78	86
4	32	40	54	68	76
5	6	63	66	69	75
7	11	53	59	60	67
3	16	23	29	42	43
15	26	46	56	65	73
22	37	1	48	62	88
12	17	27	72	74	80
8	9	19	30	77	82
21	31	34	58	64	89
14	18	35	39	55	83
2	10	20	45	61	81
13	25	52	79	87	90
36	50	57	70	71	85

Gobba

48	7	25	38	54	75
2	9	12	40	49	53
33	58	64	65	86	89
1	3	16	30	4	60
46	70	76	83	85	90
8	24	26	29	55	73
11	19	23	28	66	69
14	62	68	71	84	88
13	39	51	56	67	81
6	17	18	20	50	79
15	34	35	41	43	72
5	10	47	63	77	87
21	31	44	45	78	80
27	36	37	42	61	82
22	32	52	57	59	74

 ## Pipa

49	37	46	51	81	90
17	27	52	53	61	79
2	43	55	63	68	78
7	9	19	28	41	48
4	32	38	40	64	87
6	20	35	50	76	85
5	12	23	29	39	54
10	11	33	1	70	86
24	25	26	30	59	75
15	34	62	66	83	89
13	14	67	71	82	88
8	21	56	58	65	84
36	47	72	73	74	80
16	18	31	42	60	69
3	22	44	45	57	77

80 Cugino

50	38	59	65	74	89
14	24	41	45	75	79
20	25	34	58	85	90
6	9	31	57	63	83
11	15	16	39	49	76
1	8	21	32	68	69
4	26	33	19	55	61
42	62	67	70	82	86
12	13	18	22	71	81
29	54	56	72	80	84
27	37	44	48	52	87
7	30	35	47	51	88
17	28	40	53	64	78
2	3	5	66	73	77
10	23	36	43	46	60

81 Cimitero

51	19	44	58	66	78
1	14	26	27	54	74
25	45	50	59	61	88
11	37	39	42	69	90
10	30	46	6	73	77
9	31	53	57	63	86
28	35	43	47	56	70
2	15	18	40	75	89
3	20	49	80	85	87
21	22	38	62	72	83
7	13	36	48	81	82
52	65	67	68	71	76
4	8	23	29	60	64
5	16	17	41	55	79
12	24	32	33	34	84

Croce

52	27	46	60	67	84
28	30	31	35	86	88
3	12	41	54	87	89
10	20	64	69	73	74
8	16	23	39	59	65
1	21	26	34	62	70
2	4	25	29	38	79
5	6	9	24	40	55
7	13	17	19	63	71
33	37	47	51	72	75
14	42	80	81	83	85
22	45	18	53	68	82
43	49	50	57	58	77
15	32	36	56	78	90
11	44	48	61	66	76

 ## Jena

53	39	66	69	73	79
6	21	22	42	64	85
16	28	41	68	75	77
2	10	18	47	54	84
4	31	40	83	87	90
8	23	50	63	70	81
9	12	32	30	72	76
29	33	56	65	71	82
14	36	38	51	55	57
11	25	46	78	88	89
3	19	26	49	60	74
1	24	27	48	58	62
7	13	15	35	43	67
5	17	20	34	61	80
37	44	45	52	59	86

Benzina

54	17	31	55	79	89
12	16	35	39	44	63
9	18	19	48	57	85
7	21	42	50	74	81
40	43	47	52	70	87
38	49	58	69	73	82
8	10	11	29	76	86
5	28	56	60	66	67
2	26	36	41	59	65
4	15	27	53	64	80
1	30	46	75	78	88
14	20	22	32	3	61
33	34	37	83	84	90
6	13	45	62	68	77
23	24	25	51	71	72

 Oro

55	21	32	35	44	71
1	28	36	42	74	84
7	37	53	54	19	88
14	43	48	64	72	90
3	10	27	51	63	83
13	24	52	58	77	78
17	33	34	82	86	87
22	23	39	70	76	79
8	20	38	41	45	68
29	31	49	57	66	80
12	46	65	73	85	89
4	18	30	40	67	81
9	11	60	61	62	75
16	25	26	47	56	59
2	5	6	15	50	69

Amante

56	39	40	47	65	83
32	41	49	31	68	88
15	38	57	58	72	75
12	18	42	44	61	74
8	19	62	69	78	82
7	20	28	52	59	66
10	11	27	46	50	85
13	53	60	70	84	87
1	24	25	54	55	89
6	21	43	45	73	76
3	30	34	35	86	90
9	16	17	23	26	79
4	33	36	37	67	71
14	22	29	48	51	80
2	5	63	64	77	81

 ## Isola

57	29	28	62	65	81
8	9	20	30	77	84
6	7	35	60	64	86
1	32	37	63	73	87
16	34	38	55	74	79
26	47	48	72	75	78
5	10	44	46	49	59
15	31	33	52	66	71
3	11	18	23	27	42
12	68	70	80	89	90
21	22	36	39	50	54
19	40	53	61	82	85
2	13	41	58	83	88
4	17	25	43	45	67
14	24	51	56	69	76

 **Eva**

58	18	31	17	61	78
10	28	46	56	73	88
8	29	53	60	64	66
7	13	40	75	81	86
2	55	62	65	68	74
34	44	50	63	83	90
20	26	35	39	42	89
12	16	32	52	59	82
4	5	21	33	41	84
9	15	25	37	77	87
6	22	45	47	49	57
1	3	19	36	76	79
14	23	38	43	54	67
11	70	71	72	80	85
24	27	30	48	51	69

 **Bingo**

59	48	54	55	64	67
1	8	19	70	71	81
4	44	45	51	58	75
5	26	50	20	65	74
13	28	40	53	86	88
21	25	43	61	80	89
35	77	83	84	85	87
2	36	42	56	76	78
6	17	29	38	52	69
14	32	39	62	72	79
27	30	33	63	66	82
3	10	22	31	49	90
11	34	37	46	47	73
7	9	12	18	41	57
15	16	23	24	60	68

 ## Jeep

60	20	33	8	61	77
1	3	18	42	53	79
2	7	21	56	71	82
12	81	83	85	87	88
15	22	45	69	73	75
10	40	62	63	65	66
4	13	19	43	47	76
6	17	36	44	50	68
5	14	30	34	84	86
31	32	48	52	54	64
11	26	35	39	55	67
41	49	57	78	80	90
24	27	38	51	58	74
9	16	23	25	29	37
28	46	59	70	72	89

 ## Soldato

61	39	46	65	76	86
17	33	57	75	83	90
9	38	41	59	79	82
8	18	24	51	64	87
15	43	19	77	84	89
4	42	63	78	81	85
2	20	27	47	55	71
7	48	67	68	72	88
11	26	56	60	62	70
1	10	13	31	34	73
12	28	40	45	52	69
5	16	29	32	53	66
3	6	21	22	37	80
14	36	44	49	58	74
23	25	30	35	50	54

Tram

62	5	22	30	32	89
4	21	35	58	3	83
19	66	67	73	79	88
36	40	54	55	61	75
6	43	59	63	68	78
11	24	38	45	64	82
13	17	26	46	56	84
20	23	42	47	70	76
9	28	29	48	53	72
1	2	16	39	41	85
8	14	50	51	52	69
15	25	44	57	77	80
18	27	31	33	34	60
7	12	71	74	81	90
10	37	49	65	86	87

Marmellata

63	19	29	37	46	84
6	31	43	44	80	87
23	42	4	69	76	77
11	18	38	48	54	55
7	40	49	56	64	70
3	12	21	22	39	68
20	57	62	71	82	83
2	8	33	34	58	89
9	24	51	59	72	90
10	14	30	35	61	78
13	26	32	52	75	79
27	28	45	50	73	81
1	15	25	53	67	74
47	60	66	85	86	88
5	16	17	36	41	65

Alfabeto

64	14	50	51	6	74
23	35	49	53	55	76
2	13	15	21	62	71
8	22	52	66	73	75
27	29	34	44	65	69
4	9	25	43	67	83
10	28	31	46	59	81
5	7	20	32	37	57
12	16	18	54	58	89
1	38	61	70	87	90
19	30	33	42	60	68
17	40	56	63	77	79
24	45	72	80	85	86
3	39	47	48	78	82
11	26	36	41	84	88

 Caffè

65	10	20	52	61	78
24	26	31	51	79	85
4	29	43	62	64	89
1	22	27	34	41	60
5	8	15	57	2	73
28	36	75	76	83	87
39	42	48	74	77	86
9	18	47	50	67	71
13	35	49	53	55	81
3	16	23	32	33	84
19	45	46	58	63	68
6	12	37	40	44	72
17	59	66	80	82	90
11	21	25	30	38	56
7	14	54	69	70	88

Internet

66	32	49	51	52	75
1	31	33	38	67	87
2	4	7	10	14	48
12	40	58	64	65	6
3	15	27	29	41	55
21	37	46	47	50	83
16	35	72	73	82	86
11	23	28	39	69	85
26	68	70	84	88	89
17	30	34	56	57	81
9	20	22	43	62	76
13	42	53	60	74	90
5	18	19	24	44	59
8	25	36	54	63	77
45	61	71	78	79	80

 ## Quiz

67	47	56	63	75	78
24	37	51	55	72	82
11	17	26	27	53	65
1	4	5	25	32	33
30	35	49	58	66	38
12	40	44	45	61	69
9	57	62	79	86	90
6	10	20	60	74	77
8	16	19	52	81	87
3	18	41	46	54	59
7	14	21	39	50	84
28	31	48	70	80	83
15	36	64	76	85	88
22	29	34	42	43	73
2	13	23	68	71	89

Fabbrica

68	27	30	12	76	81
2	23	32	40	61	71
17	29	33	62	70	75
8	39	41	55	87	89
20	57	59	66	78	84
7	10	15	25	73	86
21	26	34	56	72	79
5	9	38	69	77	85
18	43	54	60	83	90
3	22	37	45	51	52
28	35	47	48	50	67
11	19	44	74	82	88
1	13	14	16	24	64
4	31	42	49	58	65
6	36	46	53	63	80

 Lacrime

69	25	29	44	54	64
3	46	48	51	88	89
4	50	58	66	74	76
24	33	37	62	5	75
7	12	15	16	26	90
6	17	65	68	70	71
13	23	32	45	52	57
8	18	35	43	81	85
14	27	34	38	40	78
10	21	39	41	59	86
1	9	20	22	28	83
31	42	67	73	79	80
11	19	49	56	84	87
30	47	60	63	72	82
2	36	53	55	61	77

100 Occhiali

70	17	19	50	69	74
14	27	41	43	44	45
15	21	39	40	42	60
4	32	56	9	77	88
2	20	25	55	61	82
13	34	38	53	71	72
54	57	67	73	80	85
29	31	36	51	79	83
5	8	28	30	64	90
10	12	62	84	86	87
47	48	52	63	66	76
18	22	23	37	65	75
3	6	7	16	49	68
1	24	35	58	59	81
11	26	33	46	78	89

101 Cuore

71	31	66	67	70	78
1	13	15	17	26	33
8	51	54	58	82	87
10	35	39	76	83	90
34	45	55	61	62	19
6	22	65	74	75	81
20	28	40	41	86	88
9	16	30	49	53	69
4	21	24	32	56	64
18	36	43	59	73	79
3	48	50	52	57	89
11	12	29	37	44	77
25	27	42	68	72	84
5	14	38	46	60	85
2	7	23	47	63	80

102 Cappello

72	23	39	76	82	90
38	41	57	68	17	75
2	9	10	40	53	58
3	30	34	50	51	88
16	18	45	47	59	69
4	11	19	35	81	89
33	44	48	62	73	83
1	20	21	25	78	86
5	12	37	46	52	54
7	29	60	64	77	79
6	36	49	63	74	87
32	55	61	66	67	70
13	14	24	28	31	80
8	15	42	56	71	84
22	26	27	43	65	85

103 Mercato

73	29	32	50	56	59
19	40	51	70	75	81
1	21	57	72	80	90
35	47	52	61	66	27
14	20	33	43	60	78
2	11	18	36	65	86
9	23	53	64	69	74
30	54	62	63	68	84
17	34	42	44	48	89
13	24	31	39	58	76
6	15	22	38	41	87
8	10	16	25	83	88
28	37	49	55	71	77
3	5	12	67	79	85
4	7	26	45	46	82

104 Concerto

74	16	23	48	58	60
8	11	37	7	83	87
2	12	22	39	68	82
9	27	54	61	63	72
6	43	46	66	77	81
5	35	36	38	44	65
1	17	57	71	79	88
10	40	41	49	53	84
3	20	64	73	86	89
18	21	24	62	69	76
29	32	45	50	67	70
4	13	19	26	31	78
14	25	33	47	51	90
15	42	52	59	75	85
28	30	34	55	56	80

105 Santiago

75	7	22	51	65	81
10	15	34	46	84	88
24	28	33	74	78	85
6	20	29	37	41	5
16	18	31	70	80	87
23	32	45	58	59	90
4	26	42	50	54	79
9	17	43	60	66	72
12	13	14	19	36	86
3	21	49	55	63	76
11	30	35	40	77	83
53	61	62	64	67	73
48	52	56	57	68	69
27	38	39	47	71	82
1	2	8	25	44	89

106 Padre Pio

76	7	11	26	37	44
2	21	25	45	61	74
18	42	51	68	6	89
10	12	20	39	46	78
17	38	53	55	64	80
3	30	40	49	69	88
8	14	27	32	43	63
5	15	24	34	54	59
4	13	19	65	72	75
33	36	60	70	83	84
9	16	35	48	85	90
22	23	29	31	52	77
1	28	41	57	62	73
56	58	71	79	81	87
47	50	66	67	82	86

107 Pizza

77	42	45	49	51	67
13	15	26	35	72	76
20	27	31	33	52	53
12	17	38	48	65	90
1	4	25	29	24	85
2	41	47	50	60	66
5	11	21	30	36	61
19	44	62	75	83	88
9	28	37	55	57	70
23	34	63	80	81	82
6	8	32	39	79	87
14	18	43	46	64	71
16	56	59	68	84	89
3	22	40	54	58	73
7	10	69	74	78	86

108 Capelli

78	32	42	77	3	90
13	26	27	38	65	73
21	25	30	48	55	56
17	19	22	51	68	79
10	40	41	46	62	88
28	33	34	43	50	64
2	14	20	47	52	84
15	29	53	66	69	76
4	8	12	72	74	75
36	49	54	61	71	85
7	44	57	70	80	83
31	39	45	63	81	82
6	11	18	24	59	86
5	9	23	35	58	60
1	16	37	67	87	89

109 Parcheggio

79	36	47	65	83	85
7	50	59	74	75	88
41	46	61	69	87	89
10	15	35	44	49	73
11	21	30	56	77	34
16	25	26	27	55	57
8	12	39	51	68	86
6	18	23	31	67	80
24	29	43	62	72	81
1	4	17	19	63	70
3	20	38	40	45	54
5	32	37	58	66	78
9	14	42	76	82	90
22	28	52	53	64	84
2	13	33	48	60	71

110 Bagno

80	4	8	39	42	49
1	5	10	40	67	73
19	38	46	54	74	2
7	11	21	30	33	61
23	58	63	78	84	86
16	31	44	59	71	72
18	34	47	48	50	65
22	36	51	52	53	62
3	9	14	32	45	87
41	57	66	76	89	90
20	28	43	75	77	82
15	24	27	35	83	85
6	25	60	64	69	70
12	17	56	79	81	88
13	26	29	37	55	68

111 Stadio

81	10	12	23	31	74
13	32	40	64	71	89
5	29	52	58	76	6
18	19	34	42	46	72
15	20	22	36	51	86
8	11	21	61	62	84
7	25	26	47	63	77
1	30	48	50	80	88
4	38	39	49	59	75
2	33	57	60	87	90
14	16	27	43	78	82
3	17	44	56	66	68
9	24	54	67	70	73
41	45	53	55	65	85
28	35	37	69	79	83

112 Caldo

82	6	12	44	60	63
18	35	36	49	53	56
1	19	24	26	32	72
28	42	65	5	84	85
16	37	47	74	87	88
30	64	70	73	79	90
4	9	15	21	66	81
8	27	50	58	62	68
23	38	40	59	80	86
13	20	45	48	52	75
17	22	34	41	46	57
7	10	11	25	55	78
29	39	51	76	77	83
33	43	54	67	71	89
2	3	14	31	61	69

113 Ufficio

83	8	37	61	62	75
27	29	33	54	67	72
9	18	22	36	73	77
3	32	42	81	2	89
15	19	24	44	78	85
35	38	48	60	65	74
16	17	31	63	79	82
23	28	51	56	69	71
5	7	13	25	34	47
40	43	52	64	84	86
10	41	49	80	87	88
1	11	12	14	20	30
6	45	46	58	66	76
26	39	50	55	57	70
4	21	53	59	68	90

114 America

84	19	66	67	69	72
35	48	55	56	59	80
1	5	7	33	61	71
27	39	42	58	74	10
30	34	51	54	57	78
17	20	21	22	46	77
9	49	63	82	85	86
28	32	36	60	62	76
15	31	40	64	65	89
6	18	43	44	83	88
3	4	13	37	52	79
2	11	26	68	70	90
12	16	25	38	45	75
14	29	41	53	81	87
8	23	24	47	50	73

115 Carnevale

85	21	31	40	47	49
5	23	50	67	73	87
9	13	59	72	75	89
12	19	39	41	48	54
4	32	45	51	64	7
1	11	60	70	81	83
10	24	29	34	44	80
27	37	42	77	79	82
22	46	55	66	69	76
6	15	26	28	62	90
8	14	17	20	38	57
2	25	30	52	53	86
18	43	58	61	63	84
3	16	33	35	71	78
36	56	65	68	74	88

116 Eclisse

86	27	30	45	65	76
6	8	9	35	37	84
63	70	71	74	7	88
14	17	32	41	54	61
16	34	39	46	64	66
3	24	47	50	83	89
2	26	31	43	73	77
5	12	19	21	33	53
36	40	49	55	78	82
11	13	23	42	51	52
4	25	38	48	85	90
10	57	62	67	69	80
29	56	59	75	81	87
1	15	20	58	68	72
18	22	28	44	60	79

117 Latte

87	31	40	43	47	48
18	23	51	53	56	90
16	19	25	35	57	59
1	4	24	28	32	61
17	50	76	84	86	6
3	22	65	75	81	85
2	5	7	9	15	49
33	37	52	64	77	88
29	38	54	71	79	82
8	26	34	55	58	67
10	36	44	62	78	89
20	27	46	70	72	74
30	39	42	45	60	83
12	14	21	41	66	68
11	13	63	69	73	80

118 Divano

88	25	27	40	54	61
3	23	39	80	86	89
2	4	53	56	66	73
29	30	32	42	67	90
7	44	62	69	75	20
8	10	47	49	64	84
13	38	65	74	78	79
28	35	43	46	72	77
1	11	37	55	60	87
14	21	26	34	48	83
15	22	33	36	51	85
5	17	18	45	50	57
6	9	12	24	63	70
16	19	58	59	68	76
31	41	52	71	81	82

119 Villa

89	33	42	57	58	84
4	53	56	70	74	11
5	26	43	44	47	64
12	23	36	50	62	79
27	37	40	46	55	90
13	52	63	68	75	87
20	29	60	66	72	73
2	6	34	39	69	86
15	17	24	32	49	88
16	19	30	48	54	67
21	35	38	65	81	83
3	7	25	45	51	76
18	28	41	77	82	85
1	14	22	59	71	80
8	9	10	31	61	78

120 Ostia

90	20	34	35	50	85
2	4	16	40	70	87
7	8	42	71	72	77
22	54	56	60	64	78
17	46	61	69	89	11
3	9	23	29	37	88
6	31	45	51	66	68
19	21	49	53	74	80
10	13	26	48	62	73
1	30	32	38	39	79
15	33	52	67	75	82
12	18	25	36	55	57
14	24	27	59	65	81
5	43	44	83	84	86
28	41	47	58	63	76

La Top Ten delle Vincite al SuperEnalotto.

Pos.	Data	Vincita	Città	Note
1ª	13/08/2019	209.106.441,54 €	Lodi	Con una schedina da 2 euro. Numeri casuali da Terminale
2ª	30/10/2010	177.729.043,16 €	Sperlonga e altre città	Sistema da 70 quote giocato in tutta Italia
3ª	27/10/2016	163.538.707,00 €	Vibo Valentia	Con una schedina da 3 euro
4ª	22/08/2009	147.807.299,08 €	Bagnone	Con una schedina da 2 euro
5ª	09/02/2010	139.022.314,64 €	Parma e Pistoia	Nello stesso concorso sono stati centrati due "sei"!
6ª	17/04/2018	130.195.242,12 €	Caltanissetta	
7ª	23/10/2008	100.756.197,30 €	Catania	
8ª	19/05/2012	94.836.378,29 €	Catania	
9ª	25/02/2017	93.720.843,46 €	Mestrino	
10ª	01/08/2017	77.735.412,31 €	Caorle	Con una schedina da 4,5 euro

Alcune Verifiche.

Ho voluto fare alcune verifiche estraendo altri 3 sistemi Random, come si vede nella tabella 1 c'era il 6 da 209Milioni e nelle tabelle 2 e 3, si poteva fare il 6.

22	34	56	62	64	70
6	18	24	51	65	89
7	32	41	59	75	76	← Il 6 da 209Milioni!!!!!
5	23	31	66	74	84
1	2	9	16	47	49
4	28	37	42	54	57
8	33	44	85	86	88
12	14	36	43	48	50
3	11	35	39	67	83
25	40	60	61	71	77
20	45	55	73	81	82
17	19	27	38	63	78
10	46	52	58	72	87
15	26	29	68	80	90
13	21	30	53	69	79

Tabella 1

8	17	29	38	55	82
14	34	75	80	84	89
4	9	12	30	39	59
22	25	28	35	53	57
18	40	42	56	65	78
10	13	37	36	64	73
6	21	50	68	69	81
41	45	48	49	60	67
7	16	24	54	74	77
11	61	72	76	85	90
2	23	43	52	86	88
1	27	31	58	83	87	24/05/2018 C'era il 6
19	33	46	62	70	79
3	15	32	44	66	71
5	20	26	47	51	63

Tabella 2

15	16	31	57	59	65
7	11	39	49	62	74
22	61	70	78	81	82
6	8	9	58	44	87
3	21	23	29	42	79
1	27	32	60	77	88
2	12	25	38	45	71
13	18	51	68	85	73
17	33	40	41	64	69
10	30	47	55	75	84
4	24	36	48	53	54
20	34	50	35	76	89
19	28	46	56	66	67
5	26	52	43	63	90	09/02/2019 C'era il 6
14	37	72	80	83	86

Tabella 3

Ricordate sempre che le probabilità di fare il 6, sono oltre 600Milioni ed ognuno dei 120 sistemi proposti in questo libro è di solo 15 colonne.

Non ho mai creduto nei sistemi con decine di migliaia di colonne, dal costo inaccessibile per tutti, con 1 euro si può sperare di fare il 6 al SuperEnalotto giocando solamente una colonna. È questione di fortuna ma con questi sistemi si ha la certezza di giocare tutti e 90 i numeri e di ottenere facilmente delle vincite di categorie inferiori senza escludere la possibilità di fare il 6 o il 5+1.

REGOLAMENTO UFFICIALE IN VIGORE.

IL VICEDIRETTORE DELL'AGENZIA

VISTO il decreto legislativo 14 aprile 1948, n. 496 e successive modificazioni e integrazioni, concernente la disciplina delle attività di gioco;

VISTO il decreto del Presidente della Repubblica 18 aprile 1951, n. 581, modificato dal decreto del Presidente della Repubblica 5 aprile 1962, n. 806, recante norme regolamentari per l'applicazione e l'esecuzione del decreto legislativo 14 aprile 1948, n. 496;

VISTO il decreto del Presidente della Repubblica 24 gennaio 2002, n. 33, emanato ai sensi dell'articolo 12 della legge 18 ottobre 2001, n. 383, che ha attribuito all'Amministrazione autonoma monopoli di Stato (AAMS) la gestione delle funzioni statali in materia di organizzazione e gestione dei giochi, scommesse e concorsi pronostici;

VISTO l'articolo 4 del decreto legge 8 luglio 2002, n. 138, convertito, con modificazioni, dalla legge 8 agosto 2002, n. 178, che ha attribuito all'Amministrazione autonoma dei monopoli di Stato lo svolgimento di tutte le funzioni in materia di organizzazione ed esercizio dei giochi, scommesse e concorsi pronostici;

VISTA la legge 7 luglio 2009, n. 88, e in particolare l'articolo 24, che disciplina, tra l'altro, l'esercizio e la raccolta a distanza dei giochi numerici a totalizzatore nazionale;

VISTO il decreto legge 13 agosto 2011, n. 138, convertito in legge 14 settembre 2011, n. 148, che all'articolo 2, comma 3, ha, tra l'altro, disposto che l'Amministrazione autonoma dei monopoli di Stato, con propri decreti dirigenziali emana tutte le disposizioni in materia di giochi pubblici utili al fine di assicurare maggiori entrate, potendo, tra l'altro, introdurre nuovi giochi, indire nuove lotterie, anche a estrazione istantanea, adottare nuove modalità di gioco del Lotto, nonché dei giochi numerici a totalizzatore nazionale;

VISTO l'articolo 23 quater del decreto legge 6 luglio 2012, n. 95, convertito, con modificazioni, dalla legge del 7 agosto 2012, n. 135, che dispone, tra l'altro, l'incorporazione dell'Amministrazione autonoma dei monopoli di Stato nell'Agenzia delle dogane a decorrere dal 1° dicembre 2012, la quale ha contestualmente assunto la denominazione di Agenzia delle dogane e dei monopoli, subentrando in tutti i rapporti giuridici attivi e passivi, competenze e poteri già in capo alla predetta Amministrazione autonoma dei monopoli di Stato;

VISTO il comma 7 del citato articolo 23 quater, in base al quale l'Agenzia delle dogane e dei monopoli istituisce due posti di vicedirettore di cui uno, anche in deroga ai contingenti previsti dall'articolo 19, comma 6, del decreto legislativo n. 165 del 2001, per i compiti di indirizzo e coordinamento delle funzioni riconducibili all'area di attività dell'Amministrazione autonoma dei monopoli di Stato;

VISTO l'articolo 7 del decreto legge 13 settembre 2012, n.158, convertito in legge, con modificazioni, dall'articolo 1, comma 1, della legge 8 novembre 2012, n. 189, il quale dispone misure di prevenzione per contrastare la ludopatia;

VISTA la legge 23 dicembre 2014, n. 190 - legge di stabilità 2015 – la quale all'articolo 1, comma 650, stabilisce che: "In considerazione del generale dovere di conservazione dei valori patrimoniali pubblici, nonché di quello particolare di assicurare il miglioramento dei livelli di servizio in materia di giochi pubblici, al fine di preservarne lo svolgimento e di salvaguardare i valori delle relative concessioni, oltre che garantire una equilibrata concorrenza fra i concessionari di giochi diversi, con decreto del Ministro dell'economia e delle finanze, su proposta dell'Agenzia delle dogane e dei monopoli, è consentita l'adozione di ogni misura utile di sostegno dell'offerta di gioco, incluse quelle che riguardano il prelievo, la restituzione in vincita e la posta di gioco, nei casi in cui la relativa offerta di specifici prodotti denoti una perdita di raccolta e di gettito erariale, nell'arco dell'ultimo triennio, non inferiore al 15 per cento all'anno.

In tali casi, tenuto conto della sostanziale natura commerciale delle attività di gioco oggetto di concessione, con i conseguenti obiettivi e ineliminabili margini di aleatorietà delle relative scelte, i provvedimenti adottati ai sensi del presente comma non comportano responsabilità erariale quanto ai loro effetti finanziari";

VISTO l'Atto di convenzione per l'affidamento in concessione dell'esercizio e dello sviluppo dei giochi numerici a totalizzatore nazionale, stipulato tra l'Amministrazione autonoma dei monopoli di Stato e Sisal s.p.a. in data 26 giugno 2009, a seguito della procedura di selezione indetta ed espletata secondo i criteri fissati dal citato articolo 1, comma 90, della legge 27 dicembre 2006, n. 296.

VISTO il decreto direttoriale prot. n. 2009/21729/giochi/Ena dell'11 giugno 2009 (pubblicato nella Gazzetta ufficiale della Repubblica italiana del 30 giugno 2009, n. 149), recante la regolamentazione del gioco Enalotto;

VISTO il decreto direttoriale prot. n. 2009/21730/giochi/Ena dell'11 giugno 2009 (pubblicato nella Gazzetta ufficiale della Repubblica italiana del 30 giugno 2009, n. 149), recante la regolamentazione del gioco SuperStar;

VISTO il decreto direttoriale del 25 giugno 2009 recante il regolamento delle operazioni di estrazione del gioco Enalotto e del suo gioco complementare e opzionale denominato Superstar.

VISTO il decreto direttoriale prot. n. 2011/11989/giochi/Ena del 4 maggio 2011 (pubblicato nella Gazzetta ufficiale della Repubblica italiana del 30 maggio 2011, n. 124), recante le misure per la regolamentazione della raccolta a distanza dei giochi numerici a totalizzatore nazionale;

VISTO il decreto direttoriale prot. n. 2011/2876/Strategie/UD del 12 ottobre 2011 (pubblicato nella Gazzetta ufficiale della Repubblica italiana del 14 novembre 2011, n. 265), con il quale l'AAMS ha individuato gli interventi in materia di giochi pubblici utili per assicurare le maggiori entrate previste dal citato articolo 2, comma 3, del decreto legge 13 agosto 2011, n. 138;

VISTO il decreto direttoriale prot. n. 2011/49938/giochi/Ena del 16 dicembre 2011 (pubblicato nella Gazzetta ufficiale della Repubblica Italiana del 31 dicembre 2011, n. 304) concernente l'applicazione del diritto del 6 per cento, a decorrere dal 1° gennaio 2012, sulla parte di vincita eccedente l'importo di euro 500,00;

VISTO il decreto direttoriale prot. n. 2012/32501/giochi/Ena del 23 luglio 2012 (pubblicato sul sito internet istituzionale dell'Amministrazione autonoma dei monopoli di Stato il 24 luglio 2012), recante "Misure per la regolamentazione delle giocate a caratura ordinaria e delle giocate a caratura speciale relative ai giochi numerici a totalizzatore nazionale";

VISTO il decreto direttoriale prot. n. 2013/2958/giochi/Ena del 23 gennaio 2013 (pubblicato sul sito internet istituzionale dell'Agenzia delle dogane e dei monopoli il 24 gennaio 2013), recante modifiche al regolamento del gioco SuperStar, con le quali si introducono i premi istantanei straordinari;

VISTO il decreto direttoriale prot. n. 39420/giochi/Ena del 12 maggio 2014 (pubblicato sul sito internet istituzionale dell'Agenzia delle dogane e dei monopoli il 30 maggio 2014), recante modifica della composizione delle Commissioni di determinazione delle giocate vincenti e di controllo dei giochi SuperEnalotto, Eurojackpot e del concorso speciale SiVinceTutto SuperEnalotto;

VISTO il decreto direttoriale prot. R.U. 2014/44221/giochi/Ena del 23 maggio 2014 (pubblicato sul sito istituzionale dell'Agenzia delle dogane e dei monopoli il 26 maggio 2014), recante ulteriori modifiche al gioco denominato SuperStar, opzionale e complementare al concorso pronostici SuperEnalotto, con il quale si introduce la possibilità di istituire e disciplinare i premi istantanei straordinari anche qualora la giacenza del fondo di riserva non superi il limite massimo di cui al comma 7 dell'articolo 8 del citato regolamento n. 2013/2958/giochi/Ena del 23 gennaio 2013;

VISTO il decreto del Ministro dell'economia e delle finanze del 18 settembre 2015 (pubblicato nella Gazzetta ufficiale della Repubblica italiana del 13 novembre 2015, n. 265) recante modificazioni in materia di giochi numerici a totalizzatore nazionale ai sensi dell'articolo 1, comma 650, legge 23 dicembre 2014, n. 190;

TENUTO CONTO delle certificazioni redatte in data 6 maggio 2015, a cura dell'ADAMSS Center e del Dipartimento di Matematica dell'Università degli Studi di Milano, attestanti la correttezza della matrice matematica della proposta di modifica delle formule di gioco SuperEnalotto e del suo gioco opzionale e complementare denominato SuperStar, nonché l'affidabilità dell'algoritmo di **Mersenne Twister** per la generazione di combinazioni casuali;

VISTA la delibera n. 273 del 18 giugno 2015 del Comitato di gestione dell'Agenzia con la quale è stato conferito al dott. Alessandro Aronica l'incarico di Vicedirettore dell'area monopoli ai sensi dell'articolo 19, comma 6 del decreto legislativo 30 marzo 2001, n. 165;

ADOTTA IL SEGUENTE DECRETO

TITOLO I

OGGETTO E DEFINIZIONI

Art. 1

(Oggetto)

1. Il presente decreto disciplina l'organizzazione, l'esercizio e la gestione del SuperEnalotto, denominazione commerciale del gioco Enalotto, e del suo gioco complementare e opzionale SuperStar.

Art. 2

(Definizioni)

1. Ai fini del presente decreto, si intende per:
    a) Agenzia, l'Agenzia delle dogane e dei monopoli;
    b) calendario, l'insieme dei concorsi pianificati in un anno;
    c) categorie di premi, le varie tipologie di premi del SuperEnalotto e del SuperStar previste dal presente decreto;
    d) combinazione di gioco, i sei numeri pronosticati e giocati dal giocatore e l'eventuale numero

SuperStar;

e) combinazione vincente del SuperEnalotto, i sei numeri interi tra 1 e 90 inclusi, estratti casualmente in occasione di uno specifico concorso attraverso il sistema estrazionale;

f) concorso, tutte le attività utili allo svolgimento del gioco nel periodo che intercorre tra la sua apertura e la sua chiusura;

g) concorso straordinario, il concorso che il Concessionario, con proposta motivata all'Agenzia e previo suo nulla osta, chiede di indire per periodi limitati di tempo in aggiunta a quelli previsti dal calendario e successivamente alla scadenza degli abbonamenti;

h) estremi di convalida, l'insieme delle informazioni riportate nelle ricevute di gioco che identifica una giocata convalidata, costituito dalle indicazioni di anno, numero del concorso, codice identificativo del punto di vendita fisico, codice identificativo del terminale di gioco e numero progressivo attribuito alla giocata dal sistema;

i) fondo di gestione, il fondo del SuperEnalotto istituito e gestito dal Concessionario, destinato a integrare il montepremi della prima categoria di premi del concorso successivo all'avvenuta assegnazione del premio di prima categoria, al pagamento delle vincite immediate e all'eventuale integrazione delle quote di tutte le categorie di premi;

l) fondo di riserva, il fondo del SuperStar istituito e gestito dal Concessionario, destinato al pagamento dei premi a punteggio, al pagamento dei premi SuperBonus e al pagamento dei premi istantanei straordinari;

m) generatore automatizzato di numeri casuali, la componente del sistema del Concessionario che assegna casualmente uno o più numeri a ciascuna giocata per comporre la combinazione di gioco;

n) giocata, la singola combinazione o l'insieme di combinazioni di gioco convalidate e riportate nella ricevuta di gioco;

o) giocata a caratura, la suddivisione di una giocata sistemistica in quote di uguale valore che possono essere acquistate separatamente come cedole di caratura, soggetta alla disciplina prevista dal decreto direttoriale recante misure per la regolamentazione delle giocate a caratura ordinaria e delle giocate a caratura speciale relative ai GNTN;

p) giocata a distanza, la giocata effettuata in conformità alle disposizioni di attuazione dell'articolo 24, comma 14, della legge 7 luglio 2009, n. 88;

q) giocata da esposizione, la giocata già convalidata dal punto di vendita fisico che il giocatore, entro la chiusura del concorso di riferimento, acquista presso lo stesso al prezzo corrisposto all'atto di convalida;

r) giocata in abbonamento, la giocata effettuata impartendo disposizioni di gioco valevoli per un numero predeterminato di concorsi futuri e immediatamente consecutivi fra loro;

s) giocata sistemistica, la modalità che sviluppa una pluralità di combinazioni di gioco, nel limite massimo di 27.132 combinazioni;

t) giocata su prenotazione, la giocata effettuata impartendo disposizioni di gioco valevoli per un numero predeterminato di concorsi futuri e anche non consecutivi;

u) GNTN, i giochi numerici a totalizzatore nazionale basati sulla scelta di numeri da parte dei giocatori all'atto della giocata, ovvero sull'attribuzione alla giocata medesima di numeri determinati casualmente, per i quali una quota predeterminata delle poste di gioco è conferita a un unico montepremi, avente una base di raccolta di ampiezza non inferiore a quella nazionale e che prevedono, altresì, la ripartizione in parti uguali del montepremi tra le giocate vincenti appartenenti alla medesima categoria di premi;

v) montepremi, la quota parte della raccolta destinata alle vincite;

z) montepremi di categoria, la parte di montepremi dedicata a ciascuna categoria di premi;

aa) montepremi di concorso, la somma tra il montepremi e i montepremi di categoria non assegnati nei concorsi precedenti;

bb) numero SuperStar, il numero

pronosticato per partecipare al

SuperStar; cc) posta di gioco, il costo

di ciascuna combinazione di gioco;

dd) premi istantanei straordinari, i premi speciali del SuperStar istituiti per un numero limitato di concorsi;

ee) prospetto informativo delle vincite, l'elenco di tutte le vincite del SuperEnalotto e del SuperStar realizzate nel concorso di riferimento pubblicato sul sito del Concessionario contestualmente al Bollettino ufficiale;

ff) punto di vendita fisico, il singolo esercizio pubblico abilitato alla raccolta dei GNTN di cui all'articolo 1, comma 90, della legge 27 dicembre 2006, n. 296, identificato con un codice numerico univoco a livello nazionale, attribuito dal Concessionario;

gg) quota, l'importo ottenuto dividendo il montepremi di una categoria di premi per il numero di combinazioni di gioco vincenti in tale categoria;

hh) raccolta, l'ammontare complessivo degli importi delle giocate;

ii) rete di vendita, l'insieme dei punti di vendita fisici e dei punti di vendita a distanza contrattualizzati dal Concessionario rispetto ai quali quest'ultimo ha gli obblighi di controllo, di vigilanza e di informazione verso l'Agenzia previsti dalla concessione per la gestione e lo sviluppo dei GNTN;

ll) ricevuta di gioco, l'attestazione cartacea della giocata, limitatamente ai punti di vendita fisici, che legittima la riscossione della vincita;

mm) settimana contabile, il periodo che intercorre tra la giornata del lunedì e la successiva giornata della domenica di ogni settimana nella quale si raccoglie il gioco;

nn) sistema, il sistema informatico, composto da hardware e software, del Concessionario che gestisce e garantisce il funzionamento del gioco, ivi compresa la casualità delle estrazioni;

oo) SuperBonus, i premi conseguiti in caso di vincita di prima o seconda categoria del SuperEnalotto unitamente all'esatto pronostico del numero SuperStar;

pp) sito del Concessionario, il sito o i siti internet che il Concessionario utilizza per la promozione dei prodotti GNTN e per la diffusione al pubblico delle informazioni relative al gioco;

qq) terminale di gioco, l'apparecchiatura elettronica, parte integrante del sistema, che consente l'accettazione del gioco presso il punto di vendita fisico e la stampa delle ricevute di gioco da restituire ai giocatori;

rr) vendita a distanza, l'offerta *online* di GNTN effettuata dal Concessionario ovvero da altri concessionari di giochi autorizzati ai sensi dell'articolo 24, comma 11 e seguenti, della legge 7 luglio 2009, n. 88;

ss) vincita, l'importo totale, comprensivo di una o più quote, a cui il giocatore ha diritto a seguito del conseguimento, con una stessa giocata, di una o più categorie di premi;

tt) vincita immediata, l'importo in denaro determinato e assegnato in modo casuale dal sistema del Concessionario all'atto della convalida della giocata del SuperEnalotto.

TITOLO II

TIPOLOGIE E DISPOSIZIONI DEI GIOCHI

CAPO I

SUPERENALOTTO

Art.3

(Estrazione dei numeri vincenti e categorie di premi)

1. Il SuperEnalotto consiste nel pronosticare, indipendentemente dalla sequenza, i sei numeri che costituiscono la combinazione vincente, estratti, in ciascun concorso, tra una serie di numeri interi compresa tra 1 e 90 inclusi. Il sistema del Concessionario assicura la non prevedibilità di ciascuna estrazione e la medesima probabilità di estrazione per ciascuna combinazione. Per ogni giocata, a eccezione delle giocate a caratura, il sistema assegna una serie numerica, che permette di verificare l'esito delle vincite immediate.

2. Per ciascun concorso, è estratta una combinazione di sei numeri nonché un numero complementare,

denominato numero Jolly. La combinazione di sei numeri e il successivo numero complementare sono estratti dalla medesima serie continua di numeri, senza riutilizzazione dei numeri estratti. Per ogni pronostico indovinato, relativo ai sei numeri estratti costituenti la combinazione vincente, si consegue un punto.

3. Le categorie di premi si distinguono in premi a punteggio e premi a vincita immediata. I premi a punteggio si classificano nelle seguenti sei categorie:

    a) di prima categoria, "punti 6", sono le giocate per le quali risultano esatti i pronostici relativi a tutti i sei numeri estratti costituenti la combinazione vincente;

    b) di seconda categoria, "punti 5+1", sono le giocate in cui risultano esatti cinque pronostici relativi ai numeri estratti costituenti la combinazione vincente più il numero complementare;

    c) di terza, quarta, quinta e sesta categoria, rispettivamente "punti 5", "punti 4", "punti 3" e "punti 2", sono le giocate rispettivamente con cinque, quattro, tre e due pronostici esatti relativi ai numeri estratti costituenti la combinazione vincente.

4. Le probabilità di vincita delle categorie di premi a punteggio sono:

    a) 1 su 622.614.630 per la vincita di prima categoria corrispondente a "punti 6";

b) 1 su 103.769.105 per la vincita di seconda categoria corrispondente a "punti 5+1";

c) 1 su 1.250.230 per la vincita di terza categoria corrispondente a "punti 5";

d) 1 su 11.907 per la vincita di quarta categoria corrispondente a "punti 4";

e) 1 su 327 per la vincita di quinta categoria corrispondente a "punti 3";

f) 1 su 22 per la vincita di sesta categoria corrispondente a "punti 2".

5. Nei casi di forza maggiore che non rendono possibile l'estrazione relativa a un concorso entro il giorno successivo a quello nel quale doveva essere originariamente effettuata, l'Agenzia procede al suo annullamento. Il Concessionario, in tali casi, fornisce ogni utile informazione ai giocatori e rimborsa integralmente, anche tramite la rete di vendita, le giocate effettuate su presentazione delle ricevute di gioco entro 90 giorni dall'annullamento.

Art. 4

(Posta di gioco, combinazione di gioco, montepremi e vincite)

1. La posta di gioco è di euro 1,00. La giocata minima equivale a una combinazione di gioco.

2. La combinazione di gioco è costituita da sei numeri di cui il giocatore pronostica l'estrazione, indipendentemente dalla loro sequenza.

3. Il montepremi è costituito dal 60 per cento della raccolta.

4. Il montepremi è ripartito nelle seguenti percentuali:

   a) il 17,40 per cento del montepremi alle vincite di prima categoria;

   b) il 13,00 per cento del montepremi alle vincite di seconda categoria;

   c) il 4,20 per cento del montepremi alle vincite di terza categoria;

   d) il 4,20 per cento del montepremi alle vincite di quarta categoria;

   e) il 12,80 per cento del montepremi alle vincite di quinta categoria;

   f) il 40,00 per cento del montepremi alle vincite di sesta categoria;

   g) l'8,40 per cento del montepremi al pagamento delle vincite immediate.

5. In caso di pluralità di vincitori nell'ambito di una medesima categoria di premi tra quelle previste dall'articolo 3, comma 3, il montepremi di categoria del singolo concorso, derivante dalla applicazione delle percentuali di cui al comma 4, è suddiviso in parti uguali tra i vincitori.

6. In nessun caso la quota di una categoria di premi può essere minore della quota di una categoria di premi inferiore. Se la quota di una categoria di premi è minore a quella di una categoria di premi inferiore, si procede alla fusione delle due categorie e dei relativi montepremi. Nel caso in cui la quota risultante dalla fusione di più categorie risulta maggiore di quella di una categoria di premi superiore, le categorie interessate sono fuse tra loro.

7. Fermo quanto previsto dal comma 6, se la quota relativa alle categorie di premi di cui all'articolo 3, comma 3, è inferiore a euro 5,00, il montepremi è integrato, a partire dalla prima categoria, attingendo l'importo necessario dalla dotazione del fondo di gestione risultante dal saldo del concorso precedente, fino al suo esaurimento. Esaurito il fondo di gestione, non si procede a ulteriori integrazioni.

8. Per ciascun concorso, in mancanza di almeno una vincita di prima categoria, il relativo montepremi è cumulato con quello della medesima categoria del concorso successivo, fino al concorso nel quale si realizza una vincita di prima categoria.

9. Per ciascun concorso, in mancanza di almeno una vincita di seconda categoria, il relativo montepremi:

    a) per il 50 per cento è cumulato con quello dei premi di prima categoria del concorso successivo;

    b) per il 50 per cento è accantonato nel fondo di gestione.

10. Per ciascun concorso, in mancanza di vincite di una qualunque categoria tra la terza e la sesta, i rispettivi montepremi sono ripartiti in parti uguali tra le altre categorie in cui risultano giocate vincenti.

11. Fermo quanto previsto al comma 10, se in un determinato concorso non si realizza alcuna vincita, i montepremi di categoria terza, quarta, quinta e sesta si cumulano con quelli delle medesime categorie di premi del concorso successivo, fino al concorso nel quale si realizzano vincite.

Art. 5

(Vincite immediate)

1. A decorrere dal primo concorso successivo alla data di applicazione delle disposizioni del presente decreto, le vincite immediate hanno la frequenza di un premio ogni 500 combinazioni convalidate, escluse le giocate a caratura, e sono di importo unitario di euro 25,00.

2. Il Concessionario, con proposta motivata all'Agenzia e previo suo nulla osta, varia la frequenza e gli importi delle vincite immediate, fornendo adeguata comunicazione al pubblico di tale variazione. In ogni caso, la frequenza è compresa tra un premio ogni 100 combinazioni convalidate e un premio ogni 20.000 combinazioni convalidate con importi compresi tra euro 25,00 ed euro 1.000,00 e determinati con criterio di proporzionalità inversa tra la frequenza del

premio e il suo importo.

3. L'esito delle vincite immediate è riportato direttamente nella ricevuta di gioco, in una sezione dedicata. Per ogni ricevuta convalidata, il sistema assegna una serie di quattro numeri interi e distinti compresi tra 1 e 90 inclusi. Se la serie di quattro numeri assegnati è presente nei numeri delle combinazioni di gioco, a eccezione dei numeri SuperStar, il giocatore realizza una o più vincite immediate.

4. Il giocatore riscuote la vincita immediata al momento della sua verifica ovvero nei tempi e con le modalità di cui all'articolo 17.

5. Nel caso di riscossione della vincita o delle vincite immediate il giocatore non può chiedere l'annullamento della relativa ricevuta di gioco.

6. Per le giocate che partecipano all'assegnazione delle vincite immediate non possono essere pronosticati più di 80 numeri diversi tra loro fra quelli di cui all'articolo 3, comma 1.

Art. 6

(*Fondo di gestione*)

1. Per ciascun concorso, l'importo corrispondente al 50 per cento del montepremi relativo alla vincita di

seconda categoria non realizzata, di cui all'articolo 4, comma 9, lettera b) e l'eventuale importo residuo del montepremi di categoria destinato al pagamento delle vincite immediate di cui all'articolo 4, comma 4, lettera g), è versato nel fondo di gestione dal Concessionario entro 5 giorni lavorativi successivi a quello di chiusura della settimana contabile di riferimento.

2. In caso di variazione della frequenza e dell'importo delle vincite immediate, se la giacenza del fondo di gestione non è sufficiente a garantire il completo pagamento delle vincite immediate, il Concessionario anticipa l'importo necessario per il loro integrale pagamento. A partire dal primo concorso successivo in cui si realizza un saldo attivo del fondo di gestione, il Concessionario trattiene in un'unica soluzione quanto anticipato ovvero, ove ciò non sia possibile, opera più prelievi in occasione dei successivi concorsi, fino al recupero di quanto anticipato.

3. In caso di vincita di prima categoria, il montepremi destinato a tale categoria per il concorso successivo, è composto, oltre che dal relativo montepremi di categoria e da quanto previsto all'articolo 4, comma 9, lettera a), anche dall'intera giacenza del fondo di gestione alla chiusura del concorso precedente alla avvenuta assegnazione di un montepremi di prima categoria, al netto delle eventuali integrazioni di cui al comma 2 e all'articolo 4, comma 7.

CAPO II

SUPERSTAR

Art. 7

(Partecipazione al gioco)

1. Il SuperStar consiste nel pronosticare un numero, estratto tra una serie di numeri interi compresa tra 1 e 90 inclusi, in ciascun concorso.
2. Per partecipare al SuperStar il giocatore, dopo aver espresso il proprio pronostico per il SuperEnalotto, può scegliere un numero SuperStar, ovvero, alternativamente, farsene assegnare casualmente uno attraverso il sistema del Concessionario.
3. Il numero SuperStar abbinato alle combinazioni giocate del SuperEnalotto, per le quali è stata scelta l'opzione SuperStar, è stampato nella ricevuta di gioco.

Art. 8

(Estrazione del numero SuperStar)

1. Il sistema estrae, per ciascun concorso del SuperEnalotto, il numero SuperStar attraverso un'apposita urna automatizzata che assicura la non prevedibilità di ciascuna estrazione e garantisce la medesima probabilità di estrazione per ciascun numero.

Art. 9

(Posta di gioco, combinazioni di gioco, montepremi e vincite)

1. La posta di gioco è di euro 0,50. La giocata minima per partecipare al SuperStar è di una combinazione di gioco del SuperEnalotto abbinata al numero SuperStar.

2. Il 60 per cento della raccolta è destinato al pagamento delle vincite del singolo concorso e alimenta il fondo di riserva di cui all'articolo 11 per i concorsi successivi.

3. Il SuperStar consente l'assegnazione di categorie di premi a punteggio e di premi istantanei straordinari, nonché quella di ulteriori premi denominati SuperBonus.

4. I premi a punteggio si conseguono quando il numero estratto ai sensi dell'articolo 8 corrisponde al numero SuperStar riportato nella ricevuta di gioco.

5. Le categorie di premi a punteggio sono denominate:

    a) "5 Stella", quando sono realizzati punti 5 nel concorso SuperEnalotto più il numero SuperStar;

b) "4 Stella", quando sono realizzati punti 4 nel concorso SuperEnalotto più il numero SuperStar;

c) "3 Stella", quando sono realizzati punti 3 nel concorso SuperEnalotto più il numero SuperStar;

d) "2 Stella", quando sono realizzati punti 2 nel concorso SuperEnalotto più il numero SuperStar;

e) "1 Stella", quando sono realizzati punti 1 nel concorso SuperEnalotto più il numero SuperStar;

f) "0 Stella", quando sono realizzati punti 0 nel concorso SuperEnalotto più il numero SuperStar.

6. L'importo dei premi a punteggio è:

a) per il "5 Stella", 25 volte l'importo della vincita ottenuta con punti 5 al concorso SuperEnalotto;

b) per il "4 Stella", 100 volte l'importo della vincita ottenuta con punti 4 al concorso SuperEnalotto;

c) per il "3 Stella", 100 volte l'importo della vincita ottenuta con punti 3 al concorso SuperEnalotto;

d) per il "2 Stella", euro 100,00;

e) per l'"1 Stella", euro 10,00;

f) per lo "0 Stella", euro 5,00.

7. Se il giocatore consegue una vincita nel concorso SuperEnalotto di prima o di seconda categoria e il numero SuperStar riportato nella ricevuta di gioco corrisponde a quello estratto, il giocatore ha diritto a un SuperBonus pari a:

a) euro 2.000.000,00 in caso di vincita SuperEnalotto di prima categoria più il numero

SuperStar;

b) euro 1.000.000,00 in caso di vincita SuperEnalotto di seconda categoria più il numero SuperStar.

8. In caso di pluralità di vincite nella categoria di premi "5 Stella" ovvero di SuperBonus, i premi di cui, rispettivamente, al comma 6, lettera a) e al comma 7 sono suddivisi in parti uguali tra i vincitori.

9. Se per un determinato concorso il montepremi, incrementato dal saldo del fondo di riserva che risulta all'esito del concorso precedente, detratti gli importi destinati al pagamento di eventuali premi istantanei straordinari e di SuperBonus, non è sufficiente per il pagamento delle categorie di premi a punteggio nelle misure previste dal comma 6, l'importo dei montepremi di categoria è dato dalla seguente ripartizione:

   a) il 2,90 per cento è destinato alla categoria di premi "5 Stella", suddiviso in parti uguali tra tutte le combinazioni di gioco vincenti;

   b) l'11,60 per cento è destinato alla categoria di premi "4 Stella", suddiviso in parti uguali tra tutte le combinazioni di gioco vincenti;

   c) il 35,40 per cento è destinato alla categoria di premi "3 Stella", suddiviso in parti uguali tra tutte le combinazioni di gioco vincenti;

   d) il 21,40 per cento è destinato alla categoria di premi "2 Stella", suddiviso in parti uguali tra tutte le combinazioni di gioco vincenti;

e) il 13,70 per cento è destinato alla categoria di premi "1 Stella", suddiviso in parti uguali tra tutte le combinazioni di gioco vincenti;

f) il 15,00 per cento è destinato alla categoria di premi "0 Stella", suddiviso in parti uguali tra tutte le combinazioni di gioco vincenti.

10. Nel caso di cui al comma 9, per ciascun concorso, in mancanza di almeno una vincita di una delle sei categorie di premi a punteggio, i corrispondenti montepremi sono accantonati nel fondo di riserva.

11. Le probabilità di vincita delle categorie di premi a punteggio sono:

    a) 1 su 112.520.716 per la categoria di premi "5 Stella";

    b) 1 su 1.071.626 per la categoria di premi "4 Stella";

    c) 1 su 29.404 per la categoria di premi "3 Stella";

    d) 1 su 1.936 per la categoria di premi "2 Stella";

    e) 1 su 303 per la categoria di premi "1 Stella";

    f) 1 su 138 per la categoria di premi "0 Stella".

12. Il Concessionario, tenuto conto dell'andamento del gioco, con proposta motivata all'Agenzia e previo suo nulla osta, istituisce, per periodi limitati di tempo, premi istantanei straordinari di importo compreso tra euro 10.000,00 ed euro 1.000.000,00.

13. Le combinazioni SuperEnalotto convalidate con

l'opzione SuperStar partecipano all'estrazione dei premi istantanei straordinari con le modalità di cui all'articolo 10.

14. I premi SuperStar a punteggio, i SuperBonus e gli eventuali premi istantanei straordinari si sommano alle vincite realizzate nel concorso SuperEnalotto.

Art. 10

(Modalità di assegnazione dei premi istantanei straordinari)

1. Per i concorsi nei quali è prevista l'estrazione dei premi istantanei straordinari, il sistema genera casualmente, prima dell'apertura della raccolta relativa ai medesimi concorsi, una o più sequenze numeriche, firmate e marcate temporalmente, riportate su supporti ottici non riscrivibili e custoditi sotto la responsabilità del Concessionario. A chiusura del concorso, le sequenze numeriche individuano in maniera univoca le ricevute di gioco vincenti, attraverso uno o più codici univoci alfanumerici di cui ai commi 2 e 3.

2. Il sistema, nei concorsi in cui si realizzano premi istantanei straordinari, associa per ciascuna combinazione convalidata del SuperEnalotto abbinata al gioco SuperStar un codice univoco

alfanumerico, riprodotto nella ricevuta di gioco, che consente la partecipazione all'estrazione di tali premi.

3. Il sistema, determinate le categorie dei premi a punteggio, individua, tra tutte le giocate convalidate e ordinate temporalmente, i codici alfanumerici che risultano associati alle sequenze numeriche di cui al comma 1 relativi al concorso di riferimento individuando, in tal modo, le ricevute di gioco vincenti.

Art. 11

(Fondo di riserva)

1. Per ogni concorso, se si determina un saldo attivo tra l'importo del montepremi di cui all'articolo 9, comma 2, e quello complessivo delle vincite realizzate nello stesso concorso, tale saldo è versato dal Concessionario nel fondo di riserva, entro 5 giorni lavorativi successivi a quello di chiusura della settimana contabile di riferimento. Se, invece, in un concorso si determina un saldo passivo tra l'importo del montepremi di cui all'articolo 9, comma 2, e quello complessivo delle vincite realizzate nel concorso, il Concessionario preleva dal fondo di riserva l'importo che occorre per il pagamento integrale delle vincite.

2. Nel caso di cui al comma 1, secondo periodo, se la giacenza del fondo di riserva non è sufficiente a

garantire il completo pagamento delle vincite, il Concessionario anticipa l'importo necessario per il loro integrale pagamento. A partire dal primo concorso successivo, per il quale si riscontra un saldo attivo tra l'importo del montepremi di cui all'articolo 9, comma 2, e quello risultante dopo la determinazione delle vincite realizzate nello stesso concorso, il Concessionario trattiene in unica soluzione quanto anticipato ovvero, ove ciò non sia possibile, opera più prelievi in occasione dei successivi concorsi, fino al recupero di quanto anticipato.

3. Il Concessionario assicura che la giacenza del fondo di riserva non sia mai inferiore a euro 2.000.000,00.

4. Il fondo di riserva è incrementato degli interessi maturati sulla relativa giacenza del conto corrente al netto di ritenute e spese bancarie.

TITOLO III

MODALITÀ OPERATIVE DEL SUPERENALOTTO E DEL SUPERSTAR

Art. 12

(Modalità di gioco)

1. Presso i punti di vendita fisici, il giocatore compila

schede di partecipazione ovvero utilizza schede di partecipazione precompilate o già convalidate. Può, altresì, impartire disposizioni di gioco a voce all'operatore addetto al terminale di gioco, oppure affidarsi alla scelta casuale dei numeri da parte del generatore automatizzato di numeri casuali, nonché utilizzare dispositivi informatici ovvero dispositivi mobili collegati al terminale di gioco, rivolgendosi all'operatore addetto al terminale di gioco per la successiva convalida.

2. In caso di gioco a distanza, il giocatore vi partecipa secondo le disposizioni di attuazione dell'articolo 24, comma 19, legge n. 88 del 2009.

3. Sono consentite giocate in abbonamento e su prenotazione.

Art. 13

(Ricevuta di gioco, schede di partecipazione e pubblicità alla disciplina del gioco)

1. In caso di giocata effettuata in una delle modalità di cui all'articolo 12, comma 1, il terminale di gioco, ottenuta la conferma della registrazione della giocata presso il sistema del Concessionario, emette la ricevuta di gioco che viene consegnata al giocatore.

2. L'originale della ricevuta di gioco costituisce l'unico titolo di legittimazione per la riscossione delle vincite

e riporta i seguenti dati:

a) le combinazioni di gioco oggetto del pronostico;

b) la serie numerica delle vincite immediate;

c) i codici di controllo;

d) il numero che contraddistingue il concorso;

e) la data di estrazione alla quale il concorso si riferisce;

f) il codice identificativo del punto di vendita;

g) il codice identificativo del terminale di gioco;

h) il numero di combinazioni giocate ed il relativo costo;

i) il numero progressivo della giocata;

l) la data e l'ora di accettazione della giocata;

m) il logo del gioco;

n) il logo dell'Agenzia;

o) la denominazione e il logo del Concessionario;

p) in caso di giocata a caratura, oltre ai dati di cui alla lettera a) e alle lettere da c) a o), anche il numero identificativo della cedola, il numero totale delle cedole di caratura di cui si compone la giocata, l'importo complessivo della giocata a caratura, l'importo della singola cedola a caratura.

3. La registrazione della giocata a distanza nel sistema sostituisce a tutti gli effetti la ricevuta di gioco. Il sistema consente in ogni caso al giocatore la stampa dei dati della giocata.

4. Fermo quanto previsto dai commi 1, 2 e 3, nel caso della giocata da esposizione, la ricevuta di gioco si compone di due parti:

   a) quella da esposizione, che contiene le combinazioni convalidate per la giocata da esposizione;

   b) quella delle vincite immediate, che reca una sezione per la verifica delle stesse da parte del giocatore.

5. In caso di giocata da esposizione, al momento dell'acquisto della giocata da parte del giocatore, l'addetto inserisce nel terminale di gioco la parte di ricevuta di cui al comma 4, lettera a) per generare quella di cui al comma 4, lettera b). L'associazione univoca delle due ricevute è costituita dagli estremi di convalida che sono riportati su entrambe. L'originale della ricevuta di cui al comma 4, lettera a) costituisce il titolo di legittimazione per la sola riscossione delle vincite dei premi a punteggio relative al SuperEnalotto e al SuperStar. L'originale della ricevuta di cui al comma 4, lettera b) costituisce il titolo valido per la riscossione delle vincite immediate di cui all'articolo 5.

6. Se il giocatore, al momento del ritiro della ricevuta di gioco, riscontra difformità tra i dati su essa riportati e quelli della propria disposizione di gioco, comunque manifestata, può chiederne l'annullamento che è efficace, nei riguardi del giocatore, solo all'atto della restituzione della ricevuta di gioco. L'annullamento

della giocata avviene previa autorizzazione del Concessionario. In ogni caso, l'annullamento della giocata non è consentito dopo la chiusura dell'accettazione delle giocate stesse e nel caso di avvenuto pagamento di una vincita immediata.

7. Il Concessionario, previa approvazione dell'Agenzia, adotta i modelli delle schede di partecipazione al gioco e delle relative ricevute, nonché le istruzioni per la loro compilazione.

8. I modelli devono riportare, tenuto conto delle loro dimensioni, le informazioni previste dal decreto legge 13 ottobre 2012, n. 158, convertito con modificazioni, dalla legge 8 novembre 2012, n. 189.

9. Copia del presente provvedimento è pubblicata sul sito del Concessionario il quale è, altresì, responsabile della sua esposizione al pubblico presso i punti di vendita.

Art. 14

(Giocate sistemistiche e a caratura)

1. Fermo quanto previsto dal decreto direttoriale di regolamentazione delle giocate a caratura ordinaria e delle giocate a caratura speciale, il costo minimo di ogni cedola di caratura è di euro 5,00. Il Concessionario, con proposta motivata all'Agenzia e previo suo nulla osta, può chiedere una variazione del costo minimo della cedola. Le giocate a caratura, una volta effettuate e convalidate, non sono in alcun caso

annullabili e non partecipano alle vincite immediate.

2. Gli importi delle eventuali vincite conseguite con le cedole di giocate a caratura speciale non vendute al momento della chiusura del concorso di riferimento sono destinati a organizzazioni benefiche senza fini di lucro, scelte dal Concessionario e dallo stesso comunicate all'Agenzia.

Art. 15

(Commissioni di controllo)

1. Il controllo sulla regolarità delle operazioni di estrazione è esercitato dalla Commissione di controllo delle estrazioni.

2. Il controllo sulla regolarità delle operazioni di determinazione delle vincite è esercitato dalla Commissione di determinazione delle giocate vincenti e di controllo del gioco.

3. Ciascuna Commissione è composta da un dirigente dell'Agenzia, con funzioni di presidente e da dipendenti di uffici centrali dell'Agenzia, di cui uno di Area III e uno di Area II o Area I quest'ultimo anche con funzioni di segretario. La Commissione è regolarmente costituita con la presenza di almeno due membri. In caso di impedimento del Presidente o del segretario, le rispettive funzioni sono svolte dal componente appartenente all'Area III.

4. Le Commissioni operano secondo le disposizioni di cui all'Allegato 1 del presente decreto, di cui lo stesso costituisce parte integrante.

Art. 16

(Bollettino ufficiale)

1. Entro il giorno successivo alle operazioni di spoglio del concorso, è pubblicato sul sito del Concessionario il Bollettino ufficiale che il Concessionario redige e che contiene i dati riportati nel prospetto riepilogativo approvato dalla Commissione di determinazione delle giocate vincenti e di controllo del gioco al termine delle operazioni di spoglio. Il Bollettino ufficiale riporta:

   a) la combinazione vincente;

   b) l'ammontare del montepremi;

   c) il numero delle giocate vincenti per ciascuna categoria di premi e il relativo importo;

   d) il numero delle vincite immediate e il relativo importo;

   e) gli estremi identificativi delle ricevute di gioco relative alle giocate vincenti per le sole vincite di prima, seconda e terza categoria del SuperEnalotto, dei SuperBonus, del "5 Stella" e "4 Stella" del SuperStar;

   f) la quota di montepremi non assegnata per mancanza di giocate vincenti di prima e di seconda categoria del SuperEnalotto, con l'indicazione degli importi da destinare al montepremi di prima categoria del concorso successivo;

g) l'indicazione delle ricevute di gioco vincenti i premi istantanei straordinari nei concorsi in cui sono previsti;

h) la data di redazione del Bollettino stesso.

2. Il Concessionario, contestualmente alla pubblicazione del Bollettino ufficiale sul sito, invia lo stesso a ciascun punto di vendita fisico che lo espone al pubblico.

TITOLO IV

PAGAMENTO DELLE VINCITE E RECLAMI

Art. 17

(Pagamento delle vincite)

1. Il pagamento delle vincite è di esclusiva responsabilità del Concessionario, indipendentemente dal soggetto che materialmente lo effettua. Il Concessionario, per le vincite a punteggio, provvede ai pagamenti solo dopo le operazioni di certificazione delle quote da parte della Commissione di determinazione delle giocate vincenti e di controllo del gioco.

2. Per le giocate effettuate tramite la rete dei punti di

vendita fisici, l'originale della ricevuta di gioco, consegnata integra in ogni sua parte, costituisce l'unico titolo di legittimazione valido per la riscossione delle vincite, previa verifica da parte del soggetto al quale viene presentata. La riscossione si effettua presso:

a) gli Uffici premi del Concessionario, per qualsiasi importo di vincita, che provvedono al pagamento con assegno bancario di conto corrente o circolare non trasferibili o bonifici bancari. Nei casi in cui l'importo della vincita è inferiore a euro 1.000.000,00, il pagamento avviene entro 30 giorni solari dalla consegna della ricevuta. Per le vincite superiori a euro 1.000.000,00, il Concessionario provvede entro 91 giorni solari dal giorno successivo alla pubblicazione del Bollettino ufficiale;

b) qualsiasi punto di vendita del Concessionario, nei casi in cui l'importo della vincita sia inferiore o uguale al valore di euro 520,00, che provvede al pagamento in contanti o con assegno bancario di conto corrente;

c) il punto di vendita nel quale è stata effettuata la giocata e nei punti di pagamento appositamente abilitati dal Concessionario, nei casi in cui l'importo della vincita sia compreso tra euro 520,01 e euro 5.200,00, che provvedono al pagamento in contanti o con assegno bancario di conto corrente o circolare non trasferibili;

d) i punti di pagamento appositamente abilitati dal

Concessionario, nei casi in cui l'importo della vincita sia compreso tra euro 5.200,01 e euro 52.000,00, che provvedono alla prenotazione del bonifico bancario il cui pagamento avviene entro trenta giorni solari dalla consegna della ricevuta.

3. In caso di vincita relativa a una giocata effettuata tramite i punti di vendita a distanza il pagamento è effettuato secondo le modalità di cui al decreto di attuazione della legge 7 luglio 2009, n. 88.

4. Sulle vincite è applicato il prelievo previsto dal decreto direttoriale di attuazione dell'articolo 2, comma 3, del decreto legge 13 agosto 2011, n. 138, convertito, con modificazioni, dalla legge 14 settembre 2011, n. 148.

5. Per riscuotere il pagamento delle vincite, il termine massimo per la presentazione delle ricevute di gioco vincenti è di 90 giorni solari dal giorno successivo a quello di pubblicazione del Bollettino ufficiale. Le vincite non riscosse nel termine di cui al precedente periodo sono versate all'erario.

6. Sulle vincite pagate oltre i termini di cui al comma 2, lettere a) e d), il Concessionario corrisponde al vincitore, oltre ai relativi importi, gli interessi calcolati al tasso legale fino al giorno di effettivo pagamento.

7. Il Concessionario è responsabile della custodia delle ricevute di gioco, anche se effettuata dai punti di vendita fisici:

    a) per sei mesi a partire dal giorno successivo alla

pubblicazione sul sito del Concessionario del Bollettino ufficiale del concorso di riferimento, nel caso di ricevute relative a vincite di importo fino a euro 20,00;

b) per un anno a partire dal giorno successivo alla pubblicazione sul sito del Concessionario del Bollettino ufficiale del concorso di riferimento, nel caso di ricevute relative a vincite di importo compreso tra euro 20,01 ed euro 5.200,00 incluse le ricevute di avvenuta riscossione delle vincite immediate;

c) per due anni a partire dal giorno successivo alla pubblicazione sul sito del Concessionario del Bollettino ufficiale del concorso di riferimento, nel caso di ricevute relative a vincite di importo superiore a euro 5.200,00;

d) per tutto il tempo necessario alla definizione delle controversie, nel caso di ricevute a qualsiasi titolo oggetto di contestazione, in relazione ai reclami presentati ai sensi e agli effetti dell'articolo 18, nonché alle azioni esperite in sede giurisdizionale;

e) per un anno, nel caso delle ricevute relative alle giocate annullate.

8. Decorsi i termini di cui al comma 7, le ricevute sono distrutte a cura e spese del Concessionario che ne comunica le modalità all'Agenzia.

Art. 18

(Presentazione e trattamento dei reclami in materia di vincite)

1. Il giocatore, entro 60 giorni decorrenti da quello successivo alla pubblicazione del Bollettino ufficiale del concorso, può presentare reclamo scritto per ottenere il riconoscimento dei premi cui lo stesso ritiene di avere diritto.

2. Al reclamo è allegata copia della ricevuta di gioco o la stampa dei dati identificativi della giocata a distanza.

3. Il reclamo è proposto, a mezzo raccomandata a/r o a mano, alla Commissione di determinazione delle giocate vincenti e di controllo del gioco ed è indirizzato alla sede dell'Agenzia delle Dogane e dei Monopoli – Area Monopoli.

4. La Commissione di determinazione delle giocate vincenti e di controllo del gioco può rigettare il reclamo per evidenti carenze di motivazione oppure può chiedere alle parti eventuali elementi per la definizione della controversia. La Commissione stessa può attivare apposito contraddittorio chiedendo al ricorrente la visione dell'originale della ricevuta di gioco. La Commissione, entro il sessantesimo giorno dalla ricezione del reclamo, comunica alle parti la propria decisione.

5. In caso di accoglimento del reclamo, il Concessionario provvede, entro i dieci giorni successivi alla notifica della comunicazione, alla corresponsione del premio

riconosciuto con la maggiorazione degli interessi dovuti e delle eventuali spese sostenute. Se si rende necessaria la rideterminazione delle quote rispetto a quelle pubblicate nel Bollettino ufficiale del concorso, i premi non ancora riscossi sono corrisposti in base alla rideterminazione delle quote stesse.

Art. 19

(Raccolta del gioco all'estero)

1. L'eventuale raccolta all'estero del SuperEnalotto e del SuperStar attraverso il canale fisico può effettuarsi a seguito di apposito assenso da parte dello Stato estero.

TITOLO V

DISPOSIZIONI FINALI E TRANSITORIE

Art. 20

(Abrogazioni, pubblicazione e decorrenza dell'applicazione)

1. A decorrere dalla data di applicazione delle disposizioni del presente decreto cessa quella delle

disposizioni di cui ai decreti direttoriali n. 2009/21729/giochi/Ena dell'11 giugno 2009 e n. 2013/2958/giochi/Ena del 23 gennaio 2013 e loro successive modificazioni sulla cui base, comunque, continuano a essere regolati i rapporti ancora pendenti sorti in vigenza di tali decreti.

2. La pubblicazione del presente decreto sul sito internet dell'Agenzia tiene luogo della pubblicazione nella Gazzetta ufficiale della Repubblica italiana ai sensi dell'articolo 1, comma 361, della legge 24 dicembre 2007, n. 244. La data di decorrenza dell'applicazione delle disposizioni del presente decreto, successiva alla sua pubblicazione, è quella del primo concorso indicato sul sito di cui al primo periodo.

Roma, 16 novembre 2015
Il Vicedirettore
Alessandro Aronica∗
* Firma autografa sostituita a mezzo stampa ai sensi dell'art. 3, comma 2 del D.lgs. n.39/93

ALLEGATO 1

COMMISSIONI DI CONTROLLO DEL GIOCO

A - COMMISSIONE ESTRAZIONALE

Luogo di operatività

La Commissione Estrazionale, di cui all'articolo 15, comma 1, sovrintende alla procedura di tutte le attività connesse all'estrazione del SuperEnalotto e del suo gioco complementare ed opzionale SuperStar e svolge la sua funzione presso la sala estrazionale appositamente attrezzata nei locali dell'Agenzia delle Dogane e Monopoli – Area Monopoli.

Le funzioni di coordinatore tecnico, di responsabile, di banditore, oltre che di assistenza tecnica alle macchine estrattrici, sono svolte, sotto la responsabilità del Concessionario, da personale da questi designato.

Sistema Estrazionale

Il sistema di estrazione della combinazione vincente del SuperEnalotto e del numero Superstar è composto da:

A) tre urne dedicate all'estrazione, di cui una di riserva, a movimentazione elettro-meccanica con dispositivo di mescolamento delle sfere a getto d'aria forzata. Per la massima visibilità delle operazioni di estrazione e per garantire sempre la comprensione delle fasi estrattive le urne di contenimento delle novanta sfere sono costituite da materiale completamente trasparente.

Al medesimo fine, la struttura delle urne assicura che le sfere siano sempre in piena libertà di movimento al suo interno e non condizionabili nella casualità di mescolamento e durante la fase di estrazione. L'urna è, altresì, corredata da un dispositivo di carico e scarico automatico delle sfere. L'estrazione delle sfere avviene tramite un dispositivo di cattura e lettura elettronica con conseguente trasporto per la fuoriuscita della sfera e successivo deposito nell'apposito contenitore di raccolta di quelle estratte.

B) cinque serie di sfere, di cui una di riserva e una di test. Le sfere, inalterabili e indeformabili al calore, sono caratterizzate dalla presenza interna di un'etichetta elettronica per l'identificazione e la lettura dei numeri oggetto di estrazione.

Le sfere presentano inoltre le seguenti caratteristiche:

    i) hanno tutte lo stesso diametro, lo stesso peso (scarto massimo ± 2%) e la stessa elasticità;

    ii) sull'involucro esterno delle sfere il numero è ben impresso e ben visibile da tutte le posizioni che le stesse possono assumere durante l'estrazione.

Ogni serie di sfere è riposta in una apposita valigia dotata di serratura.

A ciascuna delle sfere è associato, dal produttore, un codice identificativo che ne garantisce l'univocità e l'esclusiva appartenenza alle serie impiegate per le operazioni di estrazione.

C) il sistema hardware locale composto da due computer, di cui uno di riserva, comprensivi di mouse, tastiere ergonomiche, monitor, unità di lettura per supporti ottici, stampante.

D) il sistema software di conduzione e controllo automatico dei parametri delle urne. Il sistema gestisce le seguenti principali fasi e funzioni:

    i) Avvio dell'operatività;

    ii) Impostazione/modifica dei parametri di estrazione, modificabili esclusivamente da parte dell'Agenzia previo inserimento delle password di sblocco dei parametri stessi (codici di accesso amministrativi);

    iii) Inserimento e mescolamento automatico delle 90 sfere.

Il software di gestione consente la variazione dei seguenti parametri:

    i)   Velocità di mescolamento;
    ii)   Tempo minimo di mescolamento;
    iii) Velocità di mescolamento nella fase di estrazione;
    iv) Durata della permanenza della sfera nel dispositivo di estrazione;
    v)   Intervallo di tempo che intercorre tra l'estrazione di una sfera e l'altra.

Fasi operative della procedura estrazionale

Le urne utilizzate per l'estrazione sono collocate di fronte alla postazione che ospita i componenti della Commissione Estrazionale in modo da garantire la piena visibilità di tutte le fasi estrazionali. L'urna collocata alla destra rispetto alla visuale della Commissione è dedicata all'estrazione dei sei numeri più il numero jolly della combinazione del SuperEnalotto, quella collocata a sinistra all'estrazione del numero SuperStar.

La procedura adottata per il corretto espletamento delle operazioni di estrazione è suddivisa in tre fasi successive, svolte alla presenza della Commissione Estrazionale:

1. Attività preliminari;
2. Estrazione;
3. Attività di chiusura della procedura estrazionale.

1. Attività preliminari

1.1 Il coordinatore tecnico, alla presenza di almeno un membro della Commissione Estrazionale e del responsabile, provvede all'apertura dell'armadio di sicurezza posto all'interno della sala contenente:

a) tre valigie blindate, chiuse con serratura di sicurezza dedicate all'estrazione e contraddistinte con un numero identificativo e progressivo da 1 a 3. Ogni valigia contiene una serie di 90 sfere, contraddistinte progressivamente dai numeri da 1 a 90;

b) una valigia blindata, chiusa con serratura di sicurezza, contenente la serie di 90 sfere contraddistinte progressivamente dai numeri da 1 a 90 costituenti la serie di riserva;

c) una valigia, identificata dalla dicitura "set di sfere test", contenente la serie di 90 sfere contraddistinte progressivamente dai numeri da 1 a 90, destinate al test iniziale di funzionamento delle urne;

d) una busta sigillata contenente le chiavi di apertura delle quattro valigie di cui alle lettere a) e b) contenenti le sfere destinate all'estrazione, opportunamente contraddistinte dal rispettivo progressivo numerico;

e) un contenitore sigillato all'interno del quale sono riposti i dischi amovibili da installare sui computer per l'avvio automatico del sistema di gestione delle urne e le chiavi di sicurezza dei suddetti dischi e una chiave della valigia del "set di sfere test";

f) una seconda busta sigillata contenente i codici di accesso amministrativi per l'abilitazione alla funzione di modifica dei parametri e di accesso al sistema; le copie delle chiavi delle tre valigie contenenti le sfere destinate all'estrazione; le chiavi delle valigie contenenti la serie di sfere test e della serie di sfere di riserva.

g) una busta contenente i codici di accesso operativi, impiegati dal personale tecnico del Concessionario, che consentono esclusivamente il funzionamento del sistema estrazionale.

Un membro della Commissione controlla, insieme al coordinatore tecnico e al responsabile, l'integrità e la corrispondenza del sigillo utilizzato per il contenitore di cui alla lettera e), riporta la data e l'ora di apertura del sigillo stesso su di un apposito documento e lo sigla.

Il coordinatore tecnico e il responsabile consegnano il materiale di cui alle lettere c), e), g) al personale tecnico per l'avvio del sistema di gestione delle urne e provvedono alla chiusura dell'armadio di sicurezza.

Il personale tecnico installa i dischi amovibili sui computer di gestione delle urne ed avvia la fase di controllo e verifica del funzionamento dell'intero sistema di estrazione e avvia, previa identificazione con codice di accesso operativo, il sistema di gestione delle urne estrazionali.

Quindi, il predetto personale tecnico provvede a caricare, nell'urna destinata all'estrazione dei numeri per il SuperEnalotto, la serie di sfere test ed effettua una estrazione di prova dei sei numeri e del numero jolly. Analoga operazione è effettuata per l'estrazione del numero SuperStar con l'apposita urna. A seguito di tali attività, è redatta una certificazione tecnica sull'esito di tali estrazioni allegata, previo visto della Commissione Estrazionale, al verbale.

Successivamente al superamento della fase di controllo del corretto funzionamento del sistema estrazionale, il coordinatore tecnico, dopo aver riposto nell'armadio di sicurezza la valigia contenente il "set di sfere test", con la supervisione di un membro della Commissione Estrazionale e del responsabile, preleva le tre valigie contenenti le sfere da utilizzare per le estrazioni unitamente alla busta sigillata in cui sono custodite le chiavi di apertura delle valigie e provvede all'inizio della fase di abbinamento delle stesse alle urne.

1.2 Il responsabile, coadiuvato dal coordinatore tecnico, inserisce in un contenitore di plastica trasparente privo di chiusura tre bussolotti, identici tra loro, contenenti ciascuno il numero identificativo che contraddistingue ognuna delle valigie contenente la serie di sfere da utilizzare per l'estrazione.

Procede, quindi, all'estrazione casuale dei bussolotti: il primo estratto individua la serie di sfere da utilizzare per l'estrazione del SuperEnalotto, il secondo estratto individua la serie di sfere da utilizzare per l'estrazione del numero Superstar. Le valigie corrispondenti vengono collocate in prossimità delle rispettive urne; la valigia contenente la serie non estratta viene riposta nell'armadio di sicurezza.

Successivamente, il responsabile dischiude la busta sigillata e, tramite le chiavi in essa contenute, apre la valigia contenente la serie di sfere da utilizzare per l'estrazione dei numeri del SuperEnalotto e accerta la completezza e l'integrità delle sfere in essa contenute.

1.3 Il banditore, coadiuvato dal personale tecnico incaricato dal Concessionario, provvede all'imbussolamento della serie di sfere nel dispositivo di immissione nel modo seguente: preleva dalla valigia prescelta per l'urna destinata all'estrazione del SuperEnalotto, posta alla destra della Commissione Estrazionale, la sfera contraddistinta con il numero 1, la mostra agli astanti, ne dichiara il numero, lo registra nel sistema estrazionale attraverso il lettore elettronico e la consegna

all'operatore tecnico che la depone nel dispositivo trasparente di immissione nell'urna, collocandola nella prima posizione in basso a sinistra. Con le stesse modalità procede progressivamente per le rimanenti sfere contraddistinte dai numeri da 2 a 90, collocandole in gruppi di quindici nel dispositivo di immissione.

Con le medesime modalità si procede al caricamento della seconda urna, destinata all'estrazione del numero Superstar.

2. Estrazione

Terminato il caricamento delle urne, la Commissione Estrazionale, ricevuto il nulla osta da parte della Commissione di determinazione delle giocate vincenti e di controllo del gioco, di cui all'articolo 15, comma 2, avvia le operazioni di estrazione che avvengono non prima delle ore 20.00.

Il personale tecnico, attraverso il sistema software, procede all'immissione automatica e al mescolamento delle 90 sfere nell'urna associata all'estrazione del SuperEnalotto.

Trascorsi non meno di cinque secondi dall'inizio del mescolamento, il sistema avvia la fase di estrazione automatica dei sei numeri del SuperEnalotto e del numero jolly.

All'uscita di ciascuna sfera dal dispositivo di raccolta, il corrispondente numero viene letto elettronicamente dal sistema, proiettato sui monitor e dichiarato dal banditore che ne appura la corrispondenza con il numero impresso sulla sfera estratta. Qualora i dispositivi ausiliari (monitor, display, etc.) riportino una errata visualizzazione del numero estratto, fa fede, a tutti gli effetti, il numero impresso sulla sfera estratta.

L'estrazione di ciascun numero si intende effettuata quando la sfera che reca il numero viene bloccata dal dispositivo automatico di estrazione e depositata nel contenitore di raccolta delle sfere estratte.

Le operazioni appena descritte sono ripetute anche per la seconda urna destinata all'estrazione del numero Superstar.

Completate le operazioni di estrazione, un membro della Commissione Estrazionale ed il responsabile comunicano formalmente, via fax o PEC, i numeri estratti alla Commissione di determinazione delle giocate vincenti e di controllo del gioco per l'avvio delle operazioni di spoglio.

3.Attività di chiusura della procedura estrazionale

Terminata la fase di estrazione, il responsabile e il banditore, coadiuvati dal personale tecnico incaricato dal Concessionario, prelevano dall'urna relativa all'estrazione del SuperEnalotto le 83 sfere numerate non estratte e le depongono negli appositi alloggiamenti nella corrispondente valigia inserendo, per ultime, le sette sfere estratte appurando, prima della chiusura della valigia, la corretta collocazione dell'intera serie.

Analoga operazione viene ripetuta per l'urna del Superstar.

Al termine di tali operazioni, il responsabile chiude a chiave le valigie e, coadiuvato dal coordinatore tecnico, le ripone nell'armadio di sicurezza.

Successivamente, il responsabile, con la collaborazione del coordinatore tecnico, inserisce le chiavi delle tre valigie, nonché la chiave della valigia di riserva, in una nuova busta auto sigillante sui cui lembi di chiusura è apposta, oltre la data e l'ora di chiusura, la propria firma, quella del coordinatore tecnico e quella di un membro della Commissione Estrazionale.

Il responsabile, con la collaborazione del coordinatore tecnico e del personale tecnico provvede alla chiusura del sistema di estrazione, al prelievo dei dischi amovibili dai computer, delle chiavi di sicurezza degli hard-disk riponendoli nel contenitore di cui al punto 1.1 lettera e) che viene sigillato; gli estremi di tale sigillo sono riportati su un apposito documento, firmato da un membro della Commissione Estrazionale, nel quale vengono indicate anche la data e l'ora di chiusura delle operazioni. Il contenitore sigillato è riposto nell'armadio di sicurezza.

Il coordinatore tecnico, alla presenza di almeno un membro della Commissione Estrazionale e del responsabile, provvede alla chiusura dell'armadio di sicurezza di cui detiene le chiavi.

120 Sistemi al SUPERENALOTTO

L'esito dell'estrazione e delle fasi che precedono e seguono la stessa viene riportato su apposito verbale redatto in duplice copia dal segretario e sottoscritto dai componenti della Commissione Estrazionale, dal responsabile, dal banditore e dal coordinatore tecnico. Una copia del verbale rimane all'Agenzia e l'altra è consegnata al Concessionario.

Gestione delle anomalie

A) **Nel caso di:**

1) impossibilità di apertura e/o manomissione dell'armadio di sicurezza e del suo contenuto;
2) mancato o errato funzionamento di tutte le urne;
3) non corretto funzionamento dell'hardware o del software, la Commissione procede all'estrazione in modalità manuale.

Tale procedura consiste nell'inserimento in un'apposita urna a funzionamento manuale di 90 sfere identiche in forma e dimensione, caratterizzate dalla apertura manuale delle stesse. Ciascuna di tali sfere contiene al suo interno l'indicazione di un numero compreso tra 1 e 90.

Il responsabile e il banditore controllano la corretta chiusura di tali sfere e procedono all'inserimento nell'urna di una sfera per volta in ordine crescente. Ogni dieci sfere inserite, il responsabile chiude l'urna, effettua tre giri consecutivi in un senso e altrettanti in senso contrario.

Terminato l'imbussolamento, il responsabile, su disposizione della Commissione Estrazionale, avvia l'estrazione. Effettua almeno cinque giri di mescolamento al termine dei quali il banditore apre l'urna, estrae una sfera e richiude l'urna.

La sfera estratta viene aperta dal banditore; il suo contenuto viene letto dal medesimo e mostrato agli astanti. Con le stesse modalità, si procede all'estrazione dei successivi numeri della combinazione vincente del SuperEnalotto e del numero jolly.

Completata l'estrazione del SuperEnalotto, il responsabile procede alla chiusura delle sfere estratte e al loro reinserimento nell'urna ed effettua un nuovo mescolamento di almeno cinque giri per l'estrazione del numero SuperStar. Il banditore apre l'urna, estrae la sfera e chiude l'urna.

La sfera estratta viene aperta dal banditore il suo contenuto viene letto dal medesimo e mostrato agli astanti.

B) Qualora, in fase di inserimento nell'urna, una o più

sfere del "set di sfere test" risulti illeggibile dal sistema estrazionale o non sia disponibile (es. valigia bloccata), si utilizza la serie di sfere ufficiale a partire da quella identificata dal numero progressivo più alto.

C) In caso di errore nel caricamento delle sfere, il caricatore viene svuotato e si procede a un nuovo imbussolamento.

D) Se una o più sfere, della serie prescelta per l'estrazione, presentano alterazioni tali da compromettere l'esito delle operazioni (es: numero non leggibile, sfera lesionata, ecc.), l'intera serie di sfere viene eliminata e sostituita con quella non abbinata.

E) In caso di impossibilità di utilizzo di tutte le valigie di sfere ufficiali, si procede all'estrazione mediante l'utilizzo della serie di sfere di riserva.

F) Se, nella fase di immissione automatica nell'urna, una o più sfere risultano bloccate all'interno del caricatore, il tubo di immissione viene aperto manualmente per lo sblocco delle sfere.

G) Se un'urna si blocca durante la fase di estrazione impedendo il proseguimento della stessa, si utilizza l'urna di riserva. Se sono già state estratte alcune sfere, si procede a un nuovo imbussolamento delle restanti sfere nell'urna di riserva.

H) Se il computer di gestione della estrazione non si avvia, si utilizza il computer di riserva.

B - COMMISSIONE DI DETERMINAZIONE DELLE GIOCATE VINCENTI E DI CONTROLLO DEL GIOCO

Luogo di operatività

La Commissione per la determinazione delle giocate vincenti e di controllo del gioco, di cui all'articolo 15, comma 2, svolge la sua attività in appositi locali, messi a disposizione dal Concessionario presso la propria sede operativa di Roma.

Presenziano alle operazioni della Commissione, fornendo, altresì, il supporto da questa eventualmente ritenuto opportuno, uno o più rappresentanti del Concessionario.

Costituzione dell'archivio di gioco

Il Concessionario, cessata l'accettazione delle giocate per ciascun concorso, trasferisce i dati di gioco su appositi dischi ottici non riscrivibili, provvedendo a renderli identificabili in modo univoco e certo in quanto al loro contenuto. Tali dati costituiscono l'archivio di gioco del concorso e definiscono le matrici delle schede del concorso.

Prima dell'inizio delle estrazioni del concorso, il Concessionario consegna, corredate da apposito verbale, due serie di dischi ottici alla Commissione di determinazione delle giocate vincenti e di controllo del gioco.

In caso di problematiche nella fase di trasferimento dei dati sui supporti ottici o di lettura degli stessi, la Commissione di determinazione delle giocate vincenti e di controllo del gioco dispone l'impiego dell'archivio di riserva composto da due serie di dischi ottici non riscrivibili contenenti i medesimi dati di cui sopra, predisposti dal Concessionario contestualmente alla fase di costituzione dell'archivio di gioco.

Nell'ipotesi di inutilizzabilità degli archivi di cui sopra, costituiscono l'archivio di gioco i dati inviati dal Concessionario all'Agenzia tramite collegamento di rete.

Qualora dovesse verificarsi la distruzione totale o parziale dell'archivio prima del suo utilizzo ai fini della determinazione delle vincite e senza possibilità di recupero dei dati, le matrici distrutte o inutilizzabili saranno dichiarate escluse dal concorso e i relativi giocatori avranno diritto, a spese del Concessionario, al solo rimborso delle giocate effettuate, indipendentemente dagli esiti del concorso stesso.

Per ogni singolo concorso, trascorso il termine per la presentazione dei reclami di cui all'articolo 18, i dischi ottici sui quali sono stati trasferiti i dati di gioco, custoditi sotto la responsabilità del Concessionario in appositi plichi sigillati, sono conservati per ulteriori cinque anni, decorsi i quali cessa ogni obbligo di ulteriore conservazione, fatta eccezione per quelli relativi ai contenziosi in corso di decisione che vanno custoditi fino alla definitiva risoluzione delle controversie.

Competenze della Commissione

La Commissione di determinazione delle giocate vincenti e di controllo del gioco effettua le attività di seguito descritte.

1) Attività precedenti all'estrazione

Sono precedenti all'estrazione le seguenti attività:

- controllo e convalida del Bollettino ufficiale del concorso precedente appurando la corrispondenza delle informazioni ivi contenute con quanto già pubblicato sul sito del Concessionario;
- controllo della identicità, integrità e leggibilità dell'archivio di gioco del concorso;
- custodia dei dischi ottici in uno o più armadi blindati apribili unicamente dalla Commissione di determinazione delle giocate vincenti e di controllo

del gioco, collocati nei locali dove la stessa si riunisce;
- redazione di apposito verbale sulla base delle elaborazioni del sistema del Concessionario in merito alla determinazione del montepremi complessivo del concorso e del numero delle giocate convalidate e annullate;
- rilascio del nulla osta per l'avvio dell'estrazione del concorso alla competente Commissione Estrazionale inviato via fax e/o PEC per il tramite del Concessionario.

2) Attività successive all'estrazione

A seguito della formale comunicazione della combinazione vincente del SuperEnalotto e del numero SuperStar operata dalla competente Commissione Estrazionale, la Commissione di determinazione delle giocate vincenti e di controllo del gioco provvede al prelievo dagli armadi blindati dei dischi ottici costituenti l'archivio di gioco e a inserirli nel sistema informatico messo a disposizione dal Concessionario per l'acquisizione dei dati del concorso. Successivamente al caricamento dei dati, inserisce nel sistema informatico la combinazione dei numeri vincenti del SuperEnalotto e il numero SuperStar. La Commissione dà avvio alla procedura di spoglio per l'individuazione delle ricevute di gioco vincenti e alla redazione del relativo elenco.

Sulla base delle elaborazioni del sistema informatico, la Commissione acquisisce, ai fini della loro pubblicazione nel Bollettino ufficiale del concorso, gli elementi informativi riguardanti:

- le quote unitarie da corrispondere alle giocate vincenti identificate dagli estremi delle relative ricevute di gioco;
- la quota di montepremi non assegnata per mancanza di giocate vincenti di prima categoria con "punti 6" e di seconda categoria con "punti 5+1" del SuperEnalotto;
- l'indicazione degli importi da destinare, rispettivamente, al montepremi di prima categoria del concorso successivo e alla dotazione del fondo di gestione.

La Commissione procede, inoltre, alla estrapolazione delle giocate che hanno ottenuto vincite superiori a euro 20.000,00 o ad altro importo ritenuto opportuno dalla stessa o dall'Agenzia. Il sistema produce, quindi, un'apposita stampa dedicata nonché l'elenco delle matrici vincenti delle prime tre categorie di premi del SuperEnalotto e del SuperStar. Detti documenti sono allegati al verbale delle operazioni.

Nell'ipotesi prevista all'articolo 4, comma 7 la Commissione fornisce disposizioni al Concessionario per l'integrazione degli importi attingendo la necessaria dotazione dal saldo del fondo risultante all'esito del concorso precedente, fino al suo esaurimento. A seguito delle citate operazioni, la Commissione dà incarico al Concessionario di procedere alla masterizzazione dei dischi contenenti i dati di spoglio comprensivi dell'elenco delle matrici vincenti, l'elenco delle vincite immediate, delle vincite istantanee straordinarie qualora assegnabili, delle matrici vincenti i punti "6 stella" e "5+1 stella".

La Commissione, al termine delle operazioni, verifica l'esattezza delle informazioni contenute nell'apposito prospetto riepilogativo predisposto dal Concessionario contenente la combinazione vincente, l'ammontare complessivo del montepremi, l'ammontare della quota unitaria di vincita e del numero delle giocate vincenti per ogni singola categoria di vincita.

I dati contenuti in detto prospetto sono pubblicati sul sito del Concessionario che li mette a disposizione ai punti di vendita a distanza i quali li pubblicano sotto la responsabilità del Concessionario.

La Commissione di determinazione delle giocate vincenti e di controllo del gioco costituita per il controllo del concorso successivo a quello di riferimento viene resa edotta dal Concessionario della corretta pubblicazione dei dati del concorso.

Tutte le operazioni della Commissione di determinazione delle giocate vincenti e di controllo del gioco sono descritte in appositi verbali redatti in triplice esemplare e siglati in originale in ogni pagina. Una copia dei verbali viene sigillata in apposito plico a cura della Commissione e archiviata nell'armadio blindato posto all'interno della sala messa a disposizione dal Concessionario, dove viene conservato fino alla scadenza dei termini per la presentazione dei reclami; una copia rimane all'Agenzia e l'altra è consegnata al Concessionario.

120 Sistemi al SUPERENALOTTO

Sommario

PREMESSA 4

SUPERENALOTTO 6

ALGORITMO 7

    CHE COS'È? 8

    ESTRAZIONI 8

    COSTO 8

    DOVE SI GIOCA? 9

    ETÀ MINIMA 10

    COME SI VINCE? 10

    SUDDIVISIONE DEI PREMI 11

    PROBABILITÀ 12

    RISCOSSIONE VINCITE 13

    SUPERSTAR 14

    COSTO SUPERSTAR 15

    I PREMI DEL SUPERSTAR 15

    SUPER BONUS 16

COME SI SVOLGE L'ESTRAZIONE SUPERENALOTTO 17

    DOVE SI SVOLGONO LE ESTRAZIONI DEL SUPERENALOTTO 17

    LE FASI DELL'ESTRAZIONE 17

        Controlli e test tecnici. 18

        Apertura della cassaforte videosorvegliata. 18

        Autorizzazione ad effettuare l'estrazione 19

        Estrazione. 19

        Comunicazione dei risultati dell'estrazione 19

FRANCESCO LA MARTINA

    Determinazione delle giocate vincenti 20

    Comunicazione delle quote e del numero dei vincitori 20

COME SI GIOCA AL SUPERENALOTTO E AL SUPERSTAR 21

  Come giocare al SuperEnalotto 21

  Come giocare il SuperStar 23

  Abbonamenti 24

  Sistemi 25

  Schedine Super Jackpot 25

  Riscuotere una vincita 26

    Riscossione dal Punto Vendita 26

    Il pagamento delle vincite 27

    Norme legali relative al pagamento delle vincite 28

  Pagamento vincite giocando online 29

    Per vincite fino a 5.200,00 € 29

    Per vincite superiori a 5.200,00 € 29

  Limiti temporali per la riscossione dei premi 31

    Per vincite fino a 520,00 € 31

    Per vincite fino a 5.200,00 € 32

    Vincite superiori a 5.200,00 € e fino a 52.000,00 € 33

    Vincite superiori a 52.000,00 € e inferiore a 1.000.000,00 € 34

    Vincite superiori a 1.000.000,00 € 35

    Commissioni d'incasso 35

    Ritenuta del 12% sull'importo vinto eccedente il valore di 500 € 36

    Vincite non riscosse 37

SISTEMI 38

  La scelta dei numeri 38

FISICA QUANTISTICA 39

120 Sistemi al SUPERENALOTTO

RADIESTESIA 40

1 IL SOLE 42

2 LA LUNA 42

3 MONTAGNE 43

4 STRADA 43

5 LAGO 44

6 BOSCO 44

7 OLMO 45

8 STELLA 45

9 DICIASSETTE 46

10 URANO 46

11 FICO 47

12 ROSA 47

13 INVERNO 48

14 BICHINI 48

15 SOGNO 49

16 AUTO 49

17 UOMO 50

18 SCUOLA 50

19 MUSICA 51

20 SCARPE 51

120 Sistemi al SUPERENALOTTO

21 STREGA 52

22 RICORDO 52

23 BATTERIA 53

24 FREDDO 53

25 GISELLA 54

26 MILIONARIO 54

27 ORGANO 55

28 VASCO 55

29 MANDOLINO 56

30 BOXE 56

- **31** EURO 57
- **32** BUSSOLA 57
- **33** ENERGIA 58
- **34** FISCHIO 58
- **35** MAGO 59
- **36** ZOMBIE 59
- **37** PENSIONE 60
- **38** GATTO 60
- **39** VALIUM 61
- **40** PECORA 61

120 Sistemi al SUPERENALOTTO

41 ZORRO 62

42 VIOLINO 62

43 NAVE 63

44 CINESE 63

45 CHIESA 64

46 SIGARO 64

47 MOGLIE 65

48 NADA 65

49 NEONATO 66

50 KAWASAKI 66

- **51** MARE 67
- **52** DENTISTA 67
- **53** SENO 68
- **54** SCALA 68
- **55** SUPER 69
- **55** DIABOLIK 69
- **56** LUCKY 70
- **57** LOTTO 70
- **58** BANCA 71
- **59** POSTA 71

120 Sistemi al SUPERENALOTTO

60 TREDICI 72

61 CINEMA 72

62 FUMETTO 73

63 NONNA 73

64 ROBERTO 74

65 TABLET 74

66 CAMBIALE 75

67 BANCOMAT 75

68 ROSSO 76

69 BARA 76

FRANCESCO LA MARTINA

70 GALLINA 77

71 MOTOSCAFO 77

72 ELEFANTE 78

73 INCIDENTE 78

74 BIGLIARDO 79

75 COMPITO 79

76 NOTTE 80

77 CARTELLA 80

78 GOBBA 81

79 PIPA 81

120 Sistemi al SUPERENALOTTO

80 CUGINO 82

81 CIMITERO 82

82 CROCE 83

83 JENA 83

84 BENZINA 84

85 ORO 84

86 AMANTE 85

87 ISOLA 85

88 EVA 86

89 BINGO 86

- **90** JEEP 87
- **91** SOLDATO 87
- **92** TRAM 88
- **93** MARMELLATA 88
- **94** ALFABETO 89
- **95** CAFFÈ 89
- **96** INTERNET 90
- **97** QUIZ 90
- **98** FABBRICA 91
- **99** LACRIME 91

120 Sistemi al SUPERENALOTTO

100 OCCHIALI 92

101 CUORE 92

102 CAPPELLO 93

103 MERCATO 93

104 CONCERTO 94

105 SANTIAGO 94

106 PADRE PIO 95

107 PIZZA 95

108 CAPELLI 96

109 PARCHEGGIO 96

- **110** BAGNO 97
- **111** STADIO 97
- **112** CALDO 98
- **113** UFFICIO 98
- **114** AMERICA 99
- **115** CARNEVALE 99
- **116** ECLISSE 100
- **117** LATTE 100
- **118** DIVANO 101
- **119** VILLA 101

120 Sistemi al SUPERENALOTTO

OSTIA 102

LA TOP TEN DELLE VINCITE AL SUPERENALOTTO. 103

ALCUNE VERIFICHE. 104

REGOLAMENTO UFFICIALE IN VIGORE. 106

TITOLO I 116

OGGETTO E DEFINIZIONI... 116

    Art. 1 116

    Art. 2 116

TITOLO II 123

TIPOLOGIE E DISPOSIZIONI DEI GIOCHI... 123

    Art.3 123
    Art. 4 125
    Art. 5 128
    Art. 6 129
    Art. 7 131
    Art. 8 131
    Art. 9 132
    Art. 10 136
    Art. 11 137

TITOLO III 138

MODALITÀ OPERATIVE DEL SUPERENALOTTO E DEL SUPERSTAR.......... 138

Art. 12	138
Art. 13	139
Art. 14	142
Art. 15	143
Art. 16	144

TITOLO IV 145

PAGAMENTO DELLE VINCITE E RECLAMI 145

Art. 17	145
Art. 18	149
Art. 19	150

TITOLO V 150

DISPOSIZIONI FINALI E TRANSITORIE 150

Art. 20	150

ALLEGATO 1 153

COMMISSIONI DI CONTROLLO DEL GIOCO 153

A - COMMISSIONE ESTRAZIONALE 153

B - COMMISSIONE DI DETERMINAZIONE DELLE GIOCATE VINCENTI E DI CONTROLLO DEL GIOCO...167

Un sincero augurio a tutti i lettori di questo libro,

di una vita lunga e proficua.

Francesco La Martina

Pubblicato in [Febbraio 2020]
Prima edizione

www.ingramcontent.com/pod-product-compliance
Lightning Source LLC
Chambersburg PA
CBHW071400210526
45465CB00001B/188